中国地质调查局地质矿产调查评价专项项目“鄂东—湘东北地区地质矿产调查”(DD20160031)资助

中南地区成矿带科普系列丛书

江南造山带(西段)

金　巍　田　洋　龙文国
柯贤忠　王　晶　牛志军　编著
龚志愚　柏道远　宁钧陶

图书在版编目(CIP)数据

江南造山带(西段)/金巍等编著. —武汉:中国地质大学出版社,2018.12
(中南地区成矿带科普系列丛书)
ISBN 978-7-5625-4452-4

Ⅰ.①江… Ⅱ.①金… Ⅲ.①造山带-地质构造-研究-中南地区 Ⅳ.①P548.2

中国版本图书馆 CIP 数据核字(2018)第 276518 号

江南造山带(西段) 金巍 等编著

责任编辑:王凤林 责任校对:徐蕾蕾

出版发行:中国地质大学出版社(武汉市洪山区鲁磨路 388 号) 邮编:430074
电话:(027)67883511 传真:(027)67883580 E-mail:cbb@cug.edu.cn
经销:全国新华书店 http://cugp.cug.edu.cn

开本:880 毫米×1230 毫米 1/32 字数:80 千字 印张:2.75
版次:2018 年 12 月第 1 版 印次:2018 年 12 月第 1 次印刷
印刷:湖北睿智印务有限公司 印数:1—500 册

ISBN 978-7-5625-4452-4 定价:32.00 元

什么是成矿带

Shenme Shi Chengkuangdai

成矿带的内涵

地壳中的矿产在时间上和空间上的分布都是不均匀的，有些地区稀少，有些地区密集。成矿带指的是地壳中矿床集中产出的地带，它们在地质构造、地质发展历史和成矿作用上具有共性。我们一般将呈狭长带状的矿区称为成矿带，长宽接近、呈面状的矿区称为成矿区。成矿带的面积大小不等，像洲际间的成矿带，面积一般为数百万平方千米。

成矿带一般有什么特征

成矿带的形成是区域地质构造运动演化的结果，受大地构造背景、岩石建造类型和区域地球化学特征等综合因素控制。因为这些特定的地质条件和一些其他因素，一个成矿带形成后，常以某几种矿产或某些类型矿床为主。例如，中国南岭成矿带中，钨、锡、锂、铍、稀土金属矿床比较集中，而长江中下游成矿带中铜、铁、硫等矿床密集，并且，在一个成矿区域内，矿床形成比较集中的时代也有一定的规律。例如，在全球的矿产中，有 2/3 的铁矿、3/4 的金矿均产于前寒武纪，煤矿主要产于石炭纪—奥陶纪和侏罗纪，石油及盐主要产于中、新生代。研究成矿带的规律和特征，能够给找矿勘查提供参考依据。

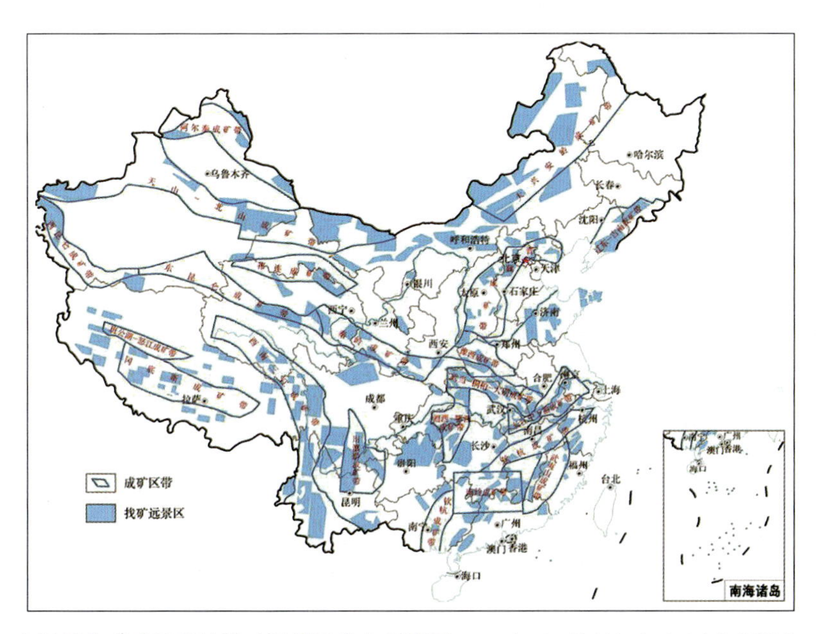

全国重点成矿区带及找矿远景区分布示意图(2013 年国土资源部中国矿产资源报告)

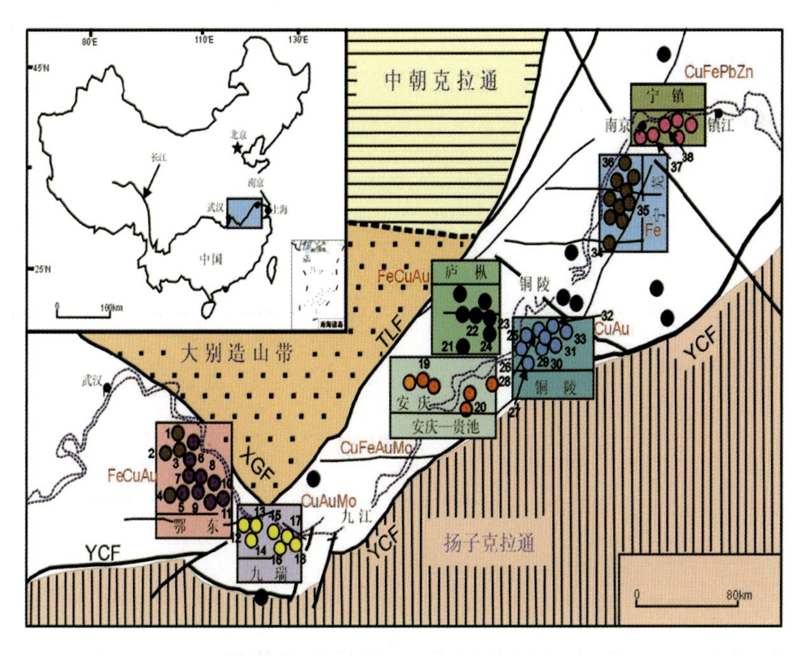

长江中下游多金属成矿带矿集区分布示意图(据 Pan & Dong, 1999)

成矿区域如何划分

成矿区域的范围大小不一，往往可以划分出不同的级别。目前，人们一般按空间规模，把成矿区域划分为全球性成矿区域、成矿区（带）、矿带和矿田 4 个级别。我国在描述全国的成矿区时，一般将成矿区域分为 3 个级别：域、省、区(带)，即成矿域[与Ⅰ级区（带）对应]、成矿省[与Ⅱ级区（带）对应]、成矿区[与Ⅲ级区（带）对应]，称为三分法。而在描述省（市、自治区）成矿区时，又在全国划定的Ⅲ级区（带）范围内再细分Ⅵ级、Ⅴ级两级，即成矿域、成矿省、成矿区（带）、成矿亚区（带，与Ⅵ级对应）、矿田（与Ⅴ级对应），称为五分法。

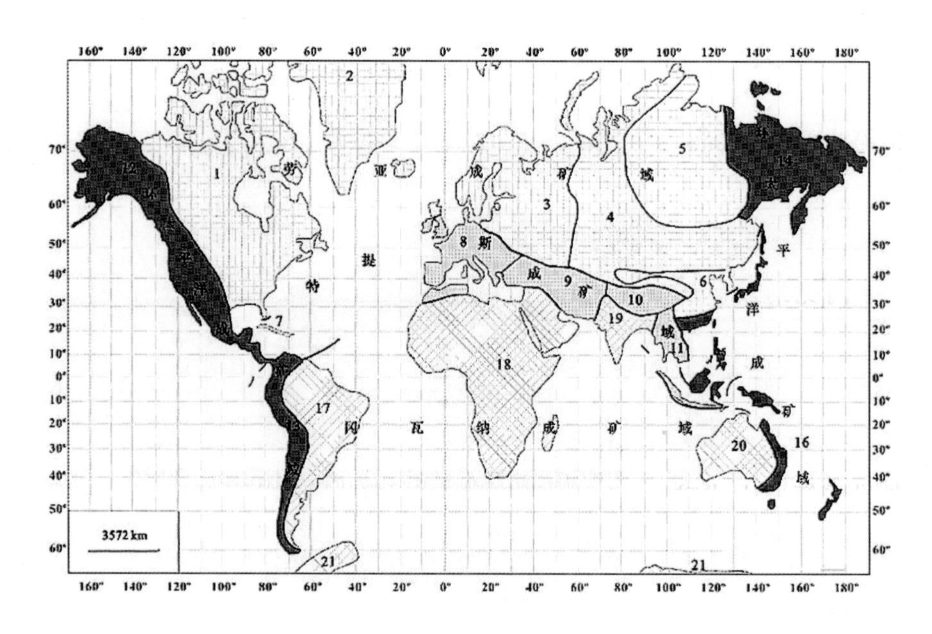

全球性成矿域划分

全球性成矿域属洲际性的成矿单元，它们包括巨大的板块边界、巨型褶皱带或造山带和贯通性深大断裂，面积一般达数百万平方千米。全球范围内划分出4个重要的成矿域，分别为劳亚成矿域、冈瓦纳成矿域、环太平洋成矿域和特提斯成矿域。

其中，劳亚成矿域展布于地球北部，横跨北美洲、欧洲和亚洲三大洲，是世界最大的成矿域。

冈瓦纳成矿域展布于地球南部，横跨南美洲、非洲、大洋洲和亚洲四大洲，是世界第二大成矿域。

特提斯成矿域横亘于地球中部，包括地中海沿岸及亚洲西南部和南部，地跨北美洲、欧洲、非洲、亚洲四大洲，连接劳亚、冈瓦纳两大成矿域，构成地球的“腰带”，是世界最小的成矿域。该成矿域从西班牙、意大利起，经巴尔干半岛、小亚细亚半岛进入南高加索、伊朗、巴基斯坦，进入我国西藏、川西及云南，再延至马来半岛，并在帝汶岛与环太平洋成矿域相接，延长约 1.6×10^4km。

环太平洋成矿域环绕太平洋周缘展布，地跨亚洲、大洋洲、北美洲和南美洲四大洲，自南美洲南端

▲劳亚成矿域

▲冈瓦纳成矿域

起，沿南、北美洲西缘经安第斯、科迪勒拉等山系，经阿拉斯加，进入俄罗斯亚洲部分的东北地区，过日本群岛、我国台湾省及东南沿海、菲律宾、巴布亚新几内亚至新西兰一带，延长达40 000多千米。

值得注意的是，这些成矿域均跨入我国部分省区，对我国东部和西南部预测找矿有着重要意义。

成矿区(带)泛指大区域的成矿单元，有学者根据我国东部与西部地质背景、矿种组合与成矿作用的明显差别，将我国分为东部成矿区和西部成矿区。其中，东部成矿区通常被视为环太平洋成矿域的一部分，东西部成矿区又可以划分出多个不同的成矿区(带)。全国统一分出5个成矿域、16个成矿省、90个Ⅲ级成矿区(带)。

▲环太平洋成矿域

▲特提斯成矿域

成矿带是最常见的区域性成矿单元，如长江中下游铁铜成矿带、雅鲁藏布江铬成矿带、秦岭铜铅锌多金属成矿带等。成矿带之内还能划分出若干个成矿亚带，如长江中下游铁铜成矿带中的鄂东南铁铜亚带。

矿田指在统一的地质作用下空间相邻的一组矿床分布区域。其分布面积一般几十到一二百平方千米，如长江中下游铁铜矿带中的狮子山铜(金)矿田。

目 录

1

自然地理简介

Ziran Dili
Jianjie

江南造山带位于中国大陆中南部，西起桂北、黔东南，经湘中、赣西北、赣东北延伸到浙江杭州湾，呈北东向展布，全长约2000km。以湘赣两省的省界为界，江南造山带分为东、西两段。江南造山带（西段）主要涉及广西、湖南和贵州东南部分地区。

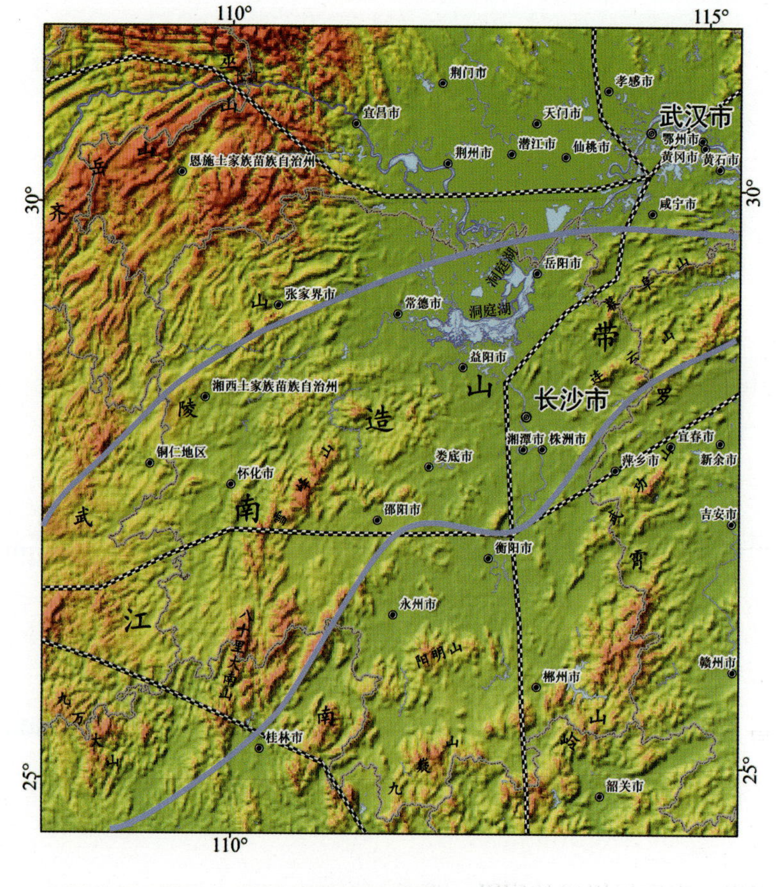

▲江南造山带（西段）地貌图

一、旅游资源

江南造山带跨越中国大陆地势第二和第三台阶，整体西高东低，地形地貌丰富多彩，既有层峦叠嶂的山系，如梵净山、雪峰山、九宫山、幕阜山、越城岭，又有地势平坦的湖滨平原，如洞庭湖平原，还有地形起伏不大的丘陵与岗地。多样的地貌，孕育了丰富的旅游资源，如九宫山国家森林公园、幕阜山国家森林公园、雪峰山国家森林公园、梵净山国家自然保护区、洞庭湖自然生态保护区等。

▲九宫山铜鼓包亚洲内陆第一风车场

▼九宫山云中湖景区

九宫山是国家级风景名胜区、国家级自然保护区、国家AAAA级旅游景区、国家级地质公园。它位于湖北省东南部通山县境内，横亘鄂赣边陲的幕阜山脉中段，总面积196km^2，为花岗岩、变质岩组成的穹隆

▲九宫山山顶全景

构造,属冰川地貌。最高峰“老鸦尖”,也称“老崖尖”,海拔 1657 米。九宫山森林履盖率达 96.6%,是中国负氧离子含量最高的天然氧吧之一。6.2 万亩(1 亩 =666.67m^2)森林每年向空中散发 3000 多万吨水汽,使九宫山遍地喷泉飞瀑,四季涌流不竭。7 月份日平均气温 22.1℃,比北戴河、鸡公山各低 1℃, 比庐山低 0.7℃,全年平均气温 11℃,夏季最高气温不超过 30℃ ,正所谓“三伏炎蒸人欲死,到此清凉顿成仙”。九宫山又是我国五大道教名山之一,它与山东的崂山、江西的龙虎山、四川的青城山、湖北的武当山齐名。

幕阜山,古称天岳山,三国时吴太史慈为建昌都尉,拒刘表从子磐,扎营幕于山顶,遂改称幕阜山。幕阜山国家森林公园位居幕阜山脉主峰中上部, 总面积 1701 公顷 (1 公顷 =10 000m^2),主峰海拔 1606m。幕阜山素以山雄、崖险、石奇、林秀、水美著称。园内群山起伏、奇峰挺秀、鸟唱猿啼、古刹藏幽、高山草原、相映成趣、云涛雾海、变幻莫测、奇松怪石、妙趣横生、名人题刻,构成了钟灵毓秀的自然风光和别具一格的人文景观。幕阜山山高林密,沟壑幽

▼幕阜山风光

▲幕阜山天然氧吧

深，区内动植物资源十分丰富，不仅拥有我国中南地区面积最大的黄山松母树林基地，还有南方红豆杉、香果树、钟萼木、半枫荷、鹅掌楸、银杏等国家保护树种32种，云连、摇竹霄、杜仲、厚朴等珍贵野生药材200余种，云豹、金雕、黄腹角雉、莽虎纹蛙、鹰嘴龟、穿山甲等国家保护动物52种，众多的动植物资源为森林公园平添了几分神秘和野趣。幕阜山年平均气温为8.6～12.1℃，园内夏季凉爽，万木葱茏，蚊虫稀少，空气清新，负离子浓度高，是天然的高山氧吧。特别是高山泉水富含碱性成分和多种游离元素，经常饮用，具有减肥、美容之特效。幕阜山春季的云涛雾海、夏日的凉爽宜人、秋天的日出日落、隆冬的皑皑白雪，令人心旷神怡、留连忘返，形成了春观花、夏避暑、秋登高、冬赏雪的生态旅游发展格局。幕阜山山高险峻，历来为兵家必争之地，近代是国内革命战争和国共两党联合抗日的主要战场，中央军委原副主席张震为公园题写了园名。

雪峰山国家森林公园，位于湖南省洪江市东部，是雪峰山脉主峰苏宝顶所在地，最高海拔1934米。雪峰山被联合国教科文组织称为“地球上神奇的绿洲”，因山顶常年积雪而得名。雪峰山国家森林公园层峦叠嶂，林丰木茂，溪流潺潺，山中湖泊遍布，较有名的有天池、瑶池。园内动植物丰富，木本植物就达90多科，700多种，珍惜树种有银杏、樟木、鹅掌楸、红豆杉等50余种，有野猪、岩鸡、锦鸡等40种野生动物。雪峰山物产丰富，有驰名中外的雪峰山乌骨鸡、云雾茶、玉兰片等名优特产。

梵净山，位于贵州省铜仁市境内，海拔2493米，是武陵山脉的主峰，为国家AAAA级旅游景区，国家级自然保护区，中国十大避暑名山，是中国著名的弥勒菩萨道场，国际“人与生物圈保护网”(MAB)成员。

梵净山因“梵天净土”而得名，是中国少有的佛教道场和自然保护区，与山西五台山、浙江普陀山、四川峨眉山、安徽九华山并称中国五

▼梵净山红云金顶

大佛教名山。

梵净山保存了距今6500万年至200万年的古近纪、新近纪和第四纪丰富的生物资源，是世界上少有的较完整的亚热带原始生态系统。梵净山由于经历了漫长的地质作用，形成了独特的山岳地貌。山中群峰高耸，溪流潺潺，飞瀑悬泻，给世人展示了丰富的奇观秀景。

洞庭湖，古称云梦、九江和重湖，处于长江中游荆江南岸，跨岳阳、汨罗、湘阴、望城、益阳、沅江、汉寿、常德、津市、安乡和南县等县市。洞庭湖之名，始于春秋、战国时期，因湖中洞庭山（即今君山）而得名。洞庭湖北纳长江的松滋、太平、藕池、调弦四口来水，南和西接湘、资、沅、澧四水及汨罗江等小支流，由岳阳市城陵矶注入长江。

洞庭湖是长江流域重要的调蓄湖泊，具强大蓄洪能力，曾使长江无数次的洪患化险为夷，使江汉平原和武汉三镇安全渡汛。洞庭湖是历史上重要的战略要地、中国传

▼洞庭渔船

▶岳阳楼

统文化发源地，湖区名胜繁多，以岳阳楼为代表的历史名胜古迹是重要的旅游文化资源。岳阳楼下瞰洞庭，前望君山，自古有“洞庭天下水，岳阳天下楼”之美誉，与湖北武汉黄鹤楼、江西南昌滕王阁并称为“江南三大名楼”，1988 年 1 月被国务院确定为全国重点文物保护单位。北宋范仲淹脍炙人口的《岳阳楼记》更使岳阳楼著称于世。

江南造山带（西段）河流众多，北部以湘、资、沅、澧四水为主干，联系着大小水道，纵横交织，向北汇集于洞庭湖流入长江。南部以都柳江、红水河、龙江、漓江为主干，将南部河流联系起来，构成发达的河道运输网，最终汇入珠江。

二、气候条件

江南造山带（西段）整体属亚热带季风气候，受西伯利亚寒流、太平洋和印度洋暖湿气流影响，四季分明。四季温差变化明显，最低一月份平均气温 4～8℃，最高七月份平均气温 27～30℃，山区气温略低。全年无霜期 260～300d，年均降雨量 950～2000mm。

三、交通条件

纵贯南北的京广、焦柳、湘桂、黔桂等铁路与横穿东西的浙赣—湘黔、广梅—三藏、南昆等铁路,在区内交叉,构成了本区交通网的主干。各种交通、快速公路干线和密如蛛网的支线公路连接于铁路、水路主干交通网之间，把中部山区与南北部平原、丘陵地区连通,构成本区四通八达的交通网。

四、地质矿产特色

江南造山带(西段)位于我国长江经济带以南，多数地区经济仍以农业为主，局部地区以本地自然资源为依托的原材料加工业较为兴旺。由于具有独特的矿产资源优势,矿业成为本区的支柱产业之一,在经济构成中居重要地位。黔东南、湘中、湘东北已形成较大的采矿、选矿、冶炼生产规模和能力,锰、金、锑、铁、铜、铅锌等产量位居全国前列,是国内重要的生产、加工基地。

2

地质溯源

Dizhi
Suyuan

一、地质研究简史

江南造山带地质调查研究工作历史悠久。早在中华人民共和国成立之前，一批先辈地质学家先后进行过地质矿产调查研究。中华人民共和国成立后，逐渐开展了较系统的地质调查工作。大规模的地质调查工作始于 20 世纪 80 年代，这些工作使得本区地质矿产工作有了突

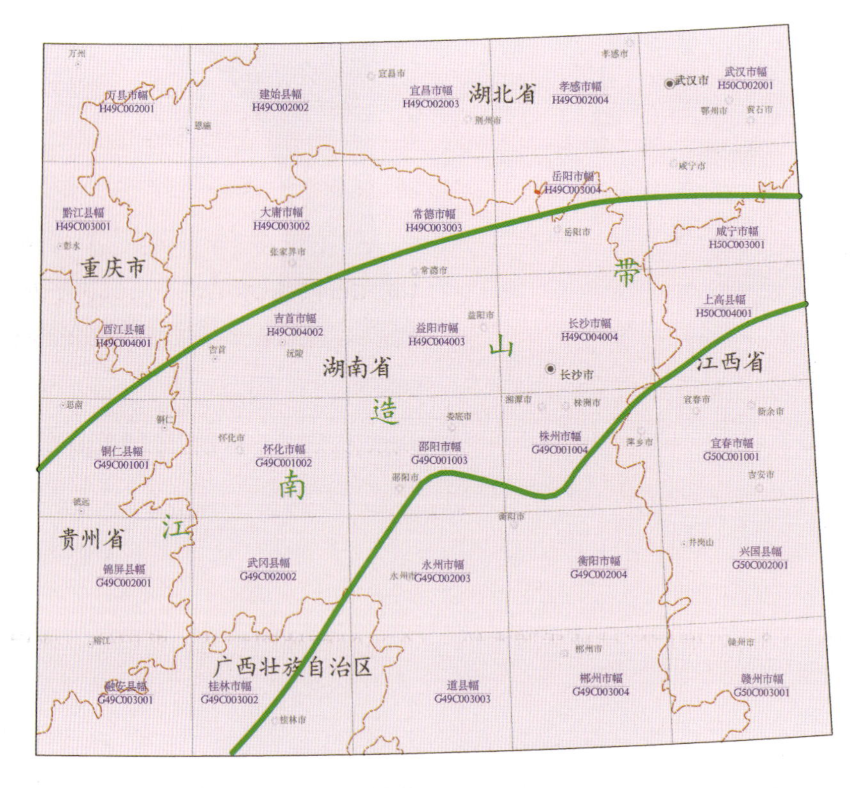

▲江南造山带(西段)1:25 万图幅单元划分图

飞猛进的发展。长期以来，湖北、湖南、广西、贵州地质勘查单位，中国地质调查局武汉地质调查中心（原国土资源部宜昌地质矿产研究所），中国地质科学院，中国科学院，大专院校等众多单位的几代地质工作者在区内及邻区开展了大量的区域地质调查、地球物理勘探、地球化学勘探、矿产资源勘查及地质科研等工作，为国民经济建设和社会发展提供了丰富的基础地质资料，发现了大量的矿产开发基地，取得了一批在国内外有重要影响的地质调查科研成果。

1. 区域地质调查

按照不同的比例尺，可以将地表区域划分成不同的图幅单元，主要为 1∶5 万、1∶20 万、1∶25 万图幅单元。20 世纪 50 年代中期开始对 1∶20 万图幅单元开展地质调查，至 20 世纪 70 年代早期已全面完成。1∶5 万图幅区域地质调查始于 20 世纪 70 年代初期，截至 2014 年，1∶5 万图幅区域地质调查完成面积占全区的 33.26%，且目前尚有一定数量的图幅单元正在开展调查工作；1999 年国土资源大调查以来开展的 1∶25 万区域地质调查，至 2014 年完成面积占全区的 55%。自 1982 年开始，各省（区）地质矿产局在 1∶20 万区域地质调查成果基础上，广泛收集和吸收各科研单位和大专院校在区内开展相关科研工作所取得的科研成果，编写出版了各省（区）地质志，对区域内基础地质调查研究成果进行了系统总结。20 世纪 90 年代初，为配合 1∶5 万区域地质调查工作，在地质矿产部组织下，开展了各省（区）岩石地层清理工作。通过地质调查，建立了区内自 8.5 亿年（新元古代）以来的沉积岩沉积序列，厘定了岩浆活动期次，查明了断层与褶皱的样式，同时还发现了一批矿化线索，为后续矿产勘查工作提供了十分重要的基础资料。

总体来看，1∶20 万地质调查工作的完成时间跨度近 30 年，但均符合当时的填图规范。采用统一地层学方法填图，建立了调查区的地层序列，采集了大量的岩石薄片、生物化石，进行了地层的划分与区域对比,查明了主体构造格架,部分图幅开始应用遥感地质工作方法，除对区域地质进行了调查外，同时对矿产地质、水文地质也进行了调查,为以后地质调查奠定了良好基础。

1∶5万图幅单元地质调查采用多重地层划分与对比，以岩石地层单位调查填图，更加强调岩石地层单位的可填性与区域变化，建立层序地层格架。20世纪80年代以前完成1∶5万区域地质调查资料没有采用造山带理论进行填图，而且是以系为地层单位填制的图，利用程度较低;20世纪90年代中后期完成的1∶5万区域地质调查资料较新,地层大多采用多重地层划分,构造采用造山带研究的新理论、新方法,岩浆岩采用单元-超单元填图方法，所获成果所采用的工作方法较为先进，工作的精度和质量符合相关的规范要求，认识水平和研究程度相对较高。

2. 区域地球物理调查

20世纪60年代以来，从找矿及环境调查等角度出发，不同单位在本区开展了不同比例尺的航空物探、地面磁测、重力、电法、放射性测量。其中,1∶20万区域重力测量已经全面覆盖，并编制了各种比例尺的系列图件；另外还开展了少量1∶5万和大比例尺(1∶2.5万和大于1∶1万)的重力测量工作。各地矿、石油等部门、科研院所和有关地勘单位对全区的区域地质、石油地震、地壳地震测深、区域航磁、区域重力、大地电磁测深、大地热流等资料的深入分析研究，将全区基础地质调查研究推向了一个新的高度。

3. 区域地球化学调查

20世纪60年代以来,针对铁、铜等多金属、稀有、稀土等矿产的找矿工作，在全区开展了不同比例尺的地球化学勘探工作（含土壤和水系沉积物测量、自然重砂、岩石测量)。其中,1∶20万水系沉积物测量已基本覆盖全区；重要成矿区带已完成了1∶5万水系和土壤测量。通过这些工作发现了一批有色金属、贵金属矿产及化探异常区带,为地质找矿工作提供了重要线索。

4. 区域遥感地质调查

遥感地质调查是指综合应用现代遥感技术来研究地质规律，进行地质调查和资源勘察的一种方法。江南造山带(西段)遥感地质调查工作始于20世纪70年代末，早期的遥感地质工作主要应用于1∶20万区域地质调查中遥感地质解译方面。20世纪80年代中期以后，大规模开展的1∶5万区域地质调查工作，均应用了遥感地质解译。2000—2007年开展的1∶25万区域地质调查，也加强了遥感地质解译工作。目前，区内1∶100万和1∶50万遥感解译已全部完成，1∶20万遥感解译已完成大部分，1∶10万和1∶5万遥感解译在部分重点找矿区已完成。此外，原地矿部组织相关省(区)编制了南方九省(区)物化遥成果图件(1995)，对全区基础地质、地质背景、成矿条件及找矿方向作了全面、系统的论述，为地质找矿和科学研究奠定了基础。

5. 矿产资源评价

江南造山带(西段)先后开展了1∶20万、1∶5万等不同比例尺的区域矿产调查工作。其中，1∶20万区域矿产调查始于20世纪世纪50年代中期，完成于20世纪80年代初，同时开展了同比例尺的矿产综合普查、重砂测量、土壤地球化学测量和放射性测量，并编制了相应的区域矿产总结报告。1∶5万区域矿产调查始于20世纪70年代后期，80年代全面展开，主要部署在大中型矿区周围、重要成矿远景区(带)。20世纪80年代末至90年代初除个别商业性勘查外，矿产调查评价工作基本处于停滞不前的局面，直至“九五”期间才逐步得以恢复。其中80年代末至1992年，由于地勘资金投入严重不足，1∶5万区域矿产调查工作全面停止。

1999年开展新一轮国土资源大调查以来，先后部署了江南造山带的矿产调查评价工作、危机矿山接替资源勘查项目、资源补偿费及省级财政项目，在找矿区位、类型、技术方法、找矿理论上都取得了重大进展。在已查明资源储量的矿产中，资源储量居全国前列的矿产有锰、金，银、铅、

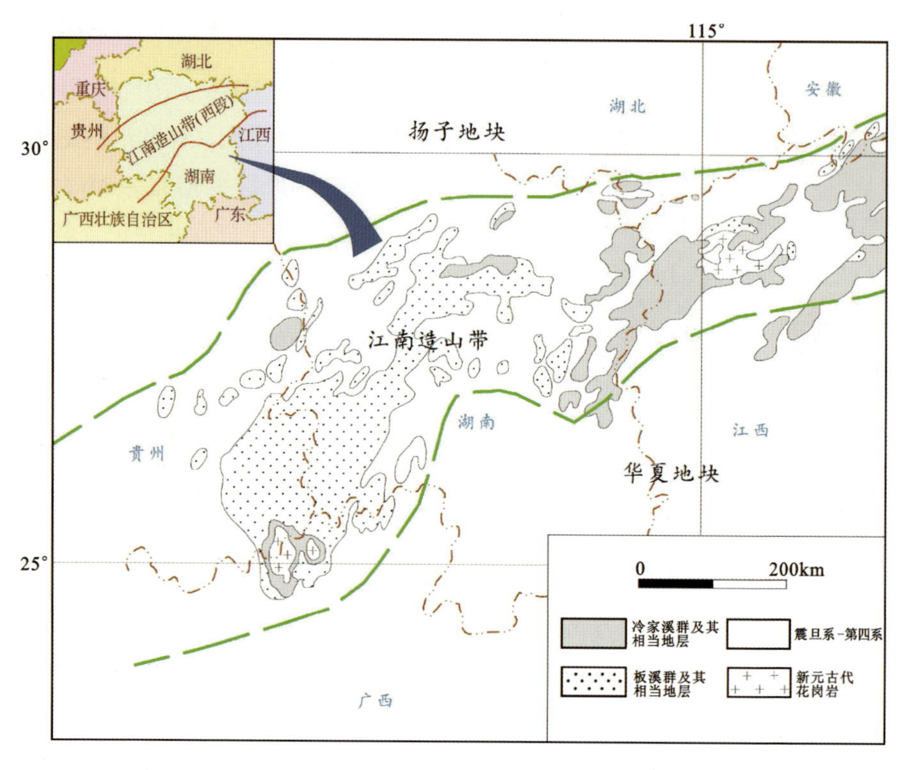

▲江南造山带(西段)大地构造位置简图(据王孝磊,2014年改)

锌也占有十分重要的地位。

6. 综合研究

江南造山带将华南一分为二,南东侧为华夏地块,北西侧为扬子地块。其独特的构造部位与物质组成在20世纪就受到了地学界的广泛关注。江南造山带的地质研究工作历史悠久且程度较高。早在20世纪初期,丁文江、李四光、田奇镌、黄汲清、张文佑、陈国达等老一批地质学家先后到该区及邻区进行过地质矿产调查研究工作,初步确定了区内的沉积岩地层序列、构造格架、矿产种类和分布特点。代表性成果见之于李四光著《南岭何在》(1943)、《中国地质学》(1939),黄汲清著《中国主要构造单位》(1945),黄汲清、张文佑主编的1∶100万《中国地质图》等。黄汲清1954年将江南造山带命名为“江南古陆”，后因介于扬子地块和华夏地块之间并呈线状隆起而重新命名为“江南地轴”。根据不同学者的研究，该单元除了上述名称外，还有“江南地块”“湘赣浙缝合带”“江南古岛弧”等称谓。此后，随着研究的不断深入，对造山带岩浆岩、蛇绿岩等取得了不少新的认识。

（由左至右）丁文江（1887—1936）中国地质学事业的奠基人之一；李四光（1889—1971）地质学家，大地构造学家，地质力学创始人，地质教育家，新中国地质事业的领导者之一；黄汲清（1904—1995）构造地质学、地层古生物学和石油地质学家。

（由左至右）田奇㻪（1899—1975）区域地质学家、古生物学家、地层学家、中国泥盆纪研究的开创者和奠基人；张文佑（1909—1985）大地构造学家，创立断裂体系与断块大地构造学说；陈国达（1912—2004）构造地质学家，活化构造学说和递进成矿理论的创立者，地洼学说之父。

大家普遍认为扬子地块东南缘存在一个中—新元古代的造山带，“江南造山带”这个称谓也逐渐获得大家的认可并广泛使用。

20 世纪八九十年代，对江南造山带的研究多集中于其东段(赣东北、皖南、浙西、浙东北等)，取得了一系列的成果，达成了较为一致的认识，即：江南造山带是华夏和扬子板块间的元古宙碰撞拼贴带，经历了洋洋俯冲、洋陆俯冲、弧陆碰撞、弧后伸展、岩石圈拆沉和板内岩浆作用几个阶段。而 20 世纪 90 年代中后期以来，随着国际上有关中元古代末到新元古代初形成的 Rodinia 超大陆的聚合-裂解过程的讨论不断深入，围绕江南造山带乃至华南的前寒武纪构造演化研究又产生了一场新的学术大讨论。该造山带内元古宙岩浆岩的成因和构造背景研究被引入到了 Rodinia 超大陆拼合-裂解过程的讨论中，百花齐放，百家争鸣，总体上形成了“地幔柱-裂谷”“造山”和“板块-裂谷”3 种不同的岩石成因模型。

近十多年来，舒良树、周新民、李献华、洪大卫、Gilder、王剑、王德滋、张季生等一大批地质工作者从岩石、大地构造、地球化学、地球物理等多学科对江南造山带进行过探讨，并取得了一系列新认识，

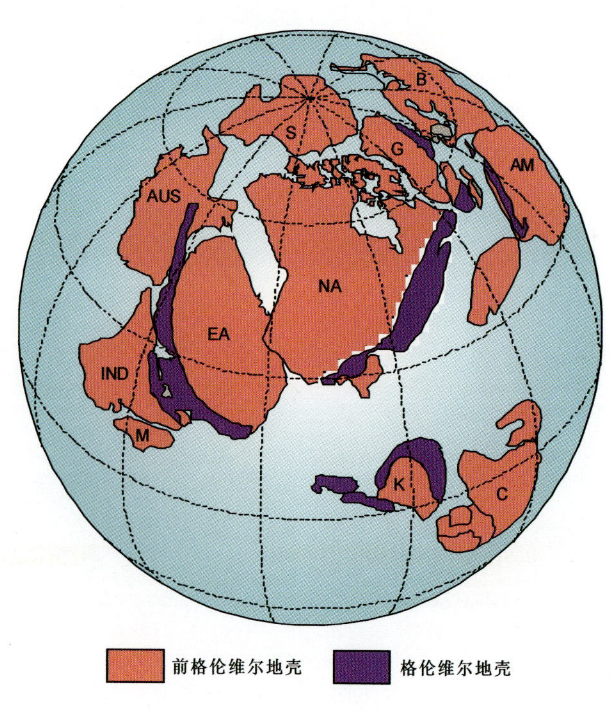

▲聚合后的罗迪尼亚(Rodinia)超级大陆(据 Dalziel，1997)

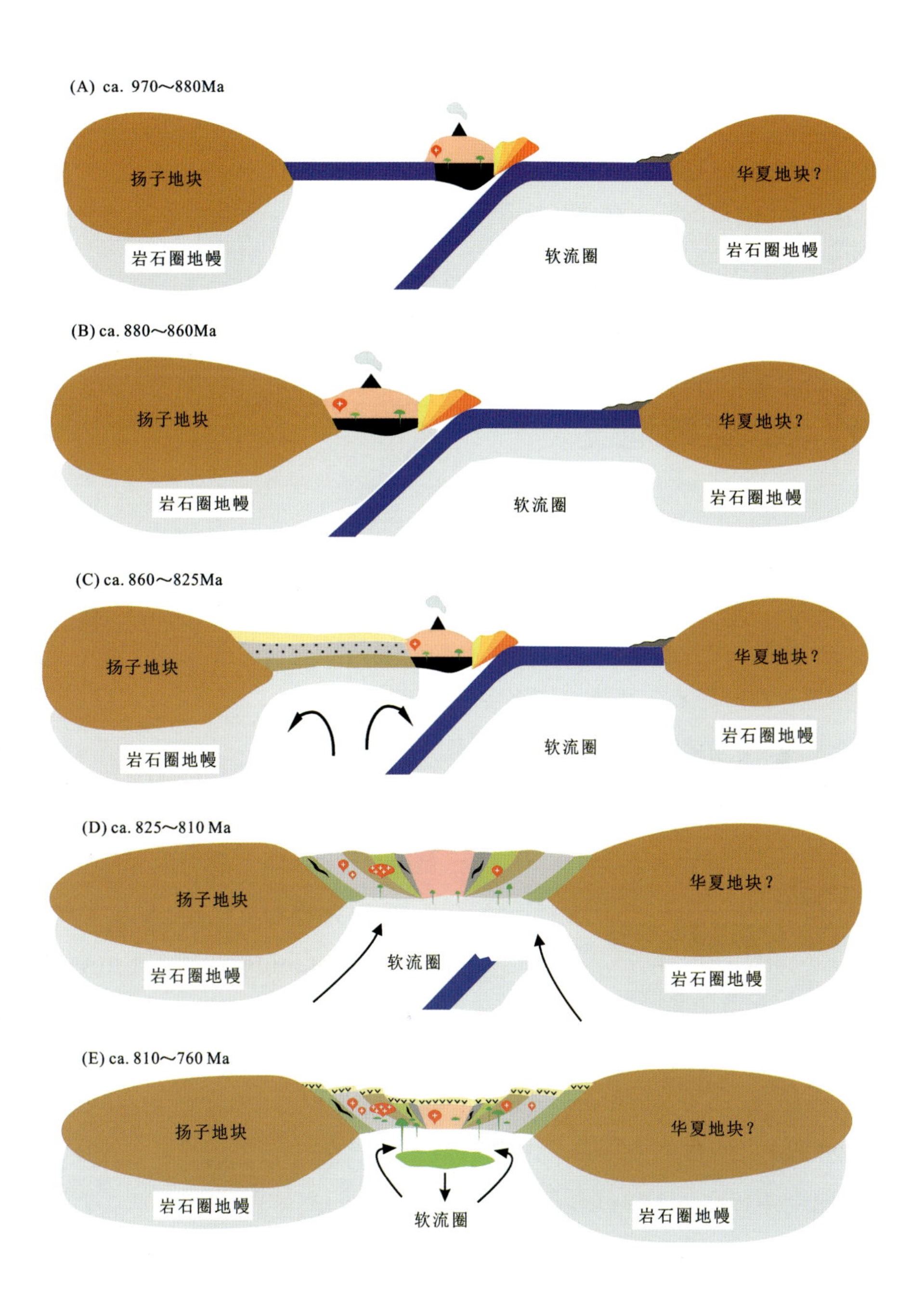

▲**扬子地块与华夏地块碰撞拼贴演化过程**(据王孝磊，2017)

研究成果主要见于他们发表的专著和论文中。由张文堂等完成的《Biostratigraphy of China》、王鸿祯等完成的《中国层序地层学研究》和汪啸风等完成的《中国各时代地层划分与对比》，追踪国际研究前沿，吸收了近年来科研和地质调查的成果，系统总结了区内生物地层、层序地层和年代地层学研究进展和成果。

二、区域地质

1. 区域地层概况

江南造山带（西段）各地地层发育情况存在差异，大部分地区地层发育齐全，与动植物分区一样，沉积岩地层也存在分区。本区地层区划主体属扬子地层区，局部地区位于华夏地层区。本书将以扬子地层区为代表，介绍湘东北地区10亿年以来的沉积岩的形成过程。地层形成时代的由老至新划分为新元古代（距今10亿～5.41亿年）、早古生代（距今5.41亿～4.19亿年）、晚古生代（距今4.19亿～2.52亿年）、中生代（距今2.52亿～0.66亿年）与新生代（距今0.66亿年至今）。

1）新元古界（新元古代形成的地层）

新元古代地层出露较广，由下至上包括青白口系、南华系和震旦系。

（1）青白口系（距今10亿～7.2亿年）：距今10亿年前，江南造带还是一片汪洋大海，那时的地球并不平静，时常伴随着地震、火山活动。喷出的火山灰物质与河流搬运来的砂、泥一起沉积于海底，经过不断的压实成岩作用，形成了一套含火山物质的砂岩、泥岩。未喷出的火山物质形成了体量巨大岩浆岩。伴随强烈地壳运动，沧海桑田，这些岩石也经历了多期多次的复杂变形变质作用，原生沉积构造已难以识别。一批优秀的地质工作者在这些变质的岩石中寻找原始的证据，根据不同地区不同的岩石组合，将这些岩石组合分别命名为冷家溪群、梵净山群、四堡群与丹州群。

▲冷家溪群黄浒洞组中的紧闭褶皱（湖南岳阳）

▲武陵运动的角度不整合面（湖南陆城）

随着华夏板块与扬子板块的碰撞拼贴（地质上称为武陵运动），海洋也在发生巨大的变化，地壳发生强烈活动，这些沉积的岩石，发生弯曲褶皱，并露出水面遭受剥蚀。

上青白口统（约8.2亿～7.2亿年）：随着地壳的沉降与海水的入侵，原本露出地表遭受剥蚀的岩石，再次被海水（或者河流、湖泊）淹没，沉积了板溪群地层，与下部的冷家溪群形成角度不整合界面。在浅水地区板溪群岩石颜色主体呈红色，主要由一套砾岩、砂岩夹板岩组成，俗称“红板溪”。砂岩平行层理、楔状交错层理、冲洗交错层理、槽状交错层理发育，岩石较致密坚硬，地貌上形成连绵的山脊，并作为石材被开采。在水体较深的海域板溪群岩石，颜色主体呈黑色，沉积物粒度也相对细一些，主要由一套灰黑色碳质板岩、粉砂质板岩夹灰绿色砂岩组成，俗称“黑板溪”。

7.2亿年左右的地壳运动（地质上称为

▲板溪群中平行层理及冲洗交错层理(湖南岳阳)

▲板溪群中槽状交错层理(湖南岳阳)

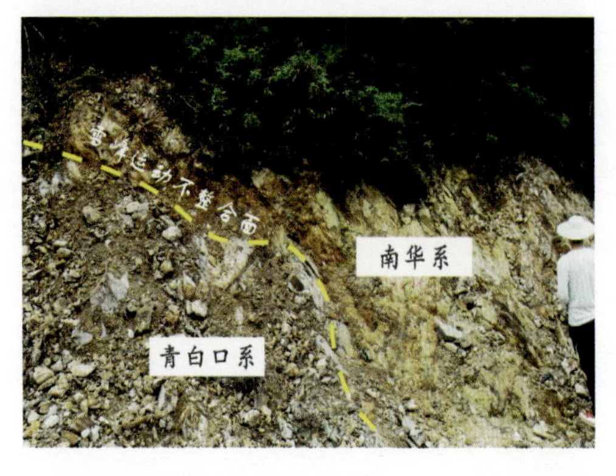

▲雪峰运动不整合面(湖南岳阳)

"雪峰运动")使得板溪群的沉积物露出地表,遭受剥蚀,之后地壳的沉降与海水的入侵使得江南造山带再次接受沉积,形成了青白口系与南华系之间的不整合面。

(2)南华系(距今7.2亿～6.35亿年):南华纪在国际上对应成冰纪(the Cryogene),是冰封全球的极寒纪元,发生了著名的"雪球事件"。江南造山带(西段)记录了长安(Sturtian主冰期)、古城(Sturtian次冰期)与南沱(Marinoan)3次冰期,其中南沱冰期规模最大,也就是雪球地球最发育的时期。研究表明:先从两极开始,冰川逐渐向低纬度进军,直至把热带的暖风与浪花全部凝固在肃杀的极寒中,仅仅在厚达2km的冰层下存有少量因地热而融化的液态水。尽管无法直接目睹当时的环境巨变,但我们能够在遥远的太空中找到当时地球大致的形貌。欧罗巴(Europa),木星的第二颗卫星,一

▲雪球地球(左)与木卫二(右)

它们身处不同的时间与不同的空间,展现的却是一副高度相似的场景

颗围绕着巨人旋转的晶莹小球,与我们印象中多数坑坑洼洼的灰色星体不同,木卫二有着一袭淡蓝而细腻的表层,那是它冰质的外壳。这颗遥在 5×10^8km 外的异星,却是 7 亿年前我们自己的家园或曾表现出来的样子。雪球事件一如鬼魅般来去匆匆,在南华纪末期留下印记后,便马上消失在一如既往的温暖中。在此后数亿年的时光里,它再也未曾重现,以至于人们直接用此次事件来命名地球历史上这段非同寻常的时期。成冰纪(The Cryogene),3 个肃杀的字眼,形象地提醒着人们,这生机勃勃的地球上曾有过一段冰雪漫布的纪元,在彼时,冰川遍布四海;在彼时,赤道白雪皑皑。

▲南沱组冰碛砾岩(湖北通山)

在冰期的沉积物称为冰碛沉积,而在冰期之间的沉积称为间冰期沉积。江南造山带(西段)扬子地层区冰期沉积分别为长安组、古城组与南沱组,它们之

▲南沱组冰碛砾岩中的花岗岩砾石及落石构造(湖南岳阳)

▲湖南省怀化市新路河乡古城组冰碛砾岩

间的间冰期沉积分别称为富禄组与大塘坡组。冰期沉积的长安组、古城组与南沱组以含冰碛砾石为特征，砾石成分复杂，有花岗岩、板岩、粉砂岩、石英岩、硅质岩及碳酸盐，多呈棱角状—次棱角状，长轴方向分布无规律，有竖直、横卧、斜插等，多呈悬浮状不均匀分布于泥质杂基之中，局部泥质显示出压扁纹层，具落石构造的特征。砾石表面偶见刻痕、压裂纹等构造，反映出砾石被冰川改造的过程；砾石大小不一，大小从2mm到1m均有。

间冰期富禄组是一套河流三角洲-滨浅海碎屑沉积。主要为一套灰色厚层—块状细粒长石石英砂岩、石英杂砂岩夹少量粉砂质泥岩、粉砂岩。发育平行层理、板状层理、大型楔状交错层理。

▼福禄组中的板状交错层理(湖南岳阳)

大塘坡组为一套半封闭海湾-浅海沉积，以产锰矿为特征。主要岩石为锰白云岩与灰至灰黄色板岩呈韵律互层。锰矿石中常见碳质与黏土质组成相间的细纹层，纹理宽约为 0.2～0.5mm，呈平直或波状密集相间排列。锰矿层位极不稳定，含矿性差别较大，局部地区可形成工业矿体，安化冬塘地区含锰岩系厚 23.6m，含 MnO_2 达 6.67%～26.55%；在湖南宁乡磨子潭地区锰矿层厚度仅 1m，含 MnO_2 在 20%左右。矿体呈透镜状，沿走向可相变为含锰灰岩、含锰砂岩或含锰页岩。这种锰矿层位及含锰量的不稳定性由断陷盆地的属性决定，显然，早期同沉积断层是锰矿床形成的前提，靠近断裂带，利于锰质沉淀的水域，锰成矿作用强烈；而远离裂谷盆地的裂陷中心，则锰质的供给不足而导致含矿性较差。中国地质大学(武汉)杜远生教授最近的研究成果表明，本组在贵州普觉产隐伏锰矿储量达到 2.03×10^8t，桃子坪储量达到 1.02×10^8t，并提出了锰矿的形成模式：与波罗的海成锰模式相似，在高密度

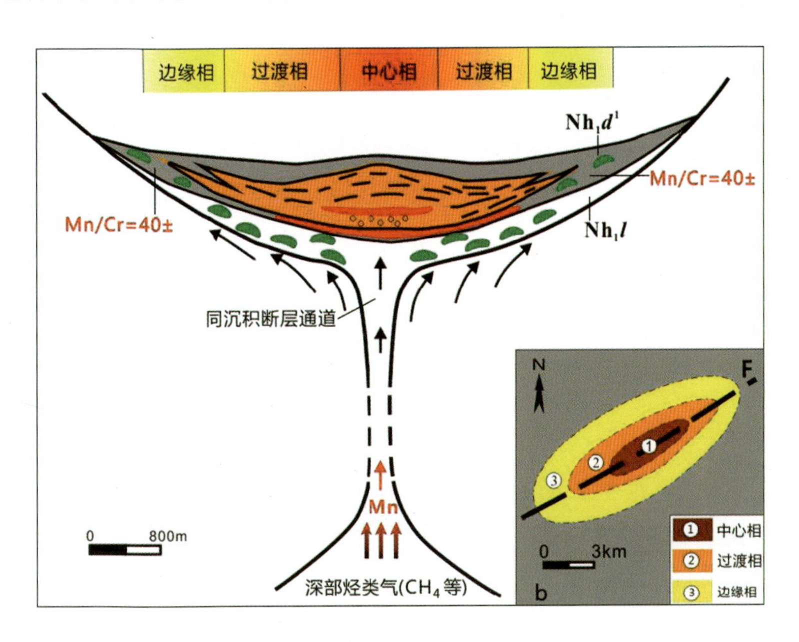

▲大塘坡组锰矿的形成模式(据周琦等,2013)

▲大塘坡组锰矿(据周琦等,2013)

富氧底流水，加速了海水氧化进程,促使了氧化锰的形成,在有机质参与的条件下，还原成碳酸锰。

(3)震旦系(距今 6.35 亿～5.41 亿年):震旦系(国际上称为埃迪卡拉系)寓意为白天的开始,是生命欣欣向荣的象征。在经历雪球事件之后，生物圈几乎获得了一场迸发式的发展。长久以来被单细胞生物所统治的时空，随着雪球事件的结束而一并瓦解。多细胞的复杂生命，辐射性地扩展到了地球的每一个角落。从埃迪卡拉动物群的诞生到寒武纪生命大爆发,复杂生物全方位铺张,生命从此成为地球的“显学”。这 6.35 亿年,是我们自己的故事，生命见证了一个个优势类群的崛起,也见证了惨不忍睹的绝灭。

▼震旦纪底部的锰矿(湖南岳阳)

但遗憾的是那时江南造山带（西段）的扬子地层区海盆强烈的拉伸-扩展，海水变深，沉积岩中保留的化石稀少，并没有记录兴旺的生命，主要沉积岩为板岩与硅质岩，与南华纪接触部位，产出锰矿。由下至上划分为金家洞组与留茶坡组。

2)下古生界

(1)寒武系(距今5.41亿～4.85亿年)：在这个生命大爆发的时代，在江南造山带的这片海洋里沉积一套硅、泥、碳酸盐组合。由下至上分为牛蹄塘组、污泥塘组与探溪组。牛蹄塘组为还原环境下形成的滞流海盆沉积，横向上比较稳定。底部为黑色页岩夹灰黑色薄层硅质岩、含碳泥质硅质岩及含碳质粉砂质页岩，含磷结核，为钒、磷矿赋存层位。磷结核多呈球状，直径一般3～6cm，少数椭圆形者可达10～15cm以上，在川东-鄂西地区该组为重要生油层位，也是页岩气的赋存层位。往上

▼牛蹄塘组中的磷结核(湖南岳阳)

粉砂质含量增高，为黑色板状含粉砂质页岩、含碳质粉砂质页岩，见少量的星点状黄铁矿，产腕足类、海绵骨针化石。受后期构造运动影响，地层强烈变形，形成形态各异的褶皱。污泥塘组以黑色碳质页岩为主，夹薄中层条带状白云质泥质灰岩及泥质灰岩，向上碳酸盐比例增加，沉积环境大致对应大陆斜坡。探溪组为一套颇具特色的碳酸盐岩，发育条带构造、瘤状构造以及独具特色的风暴成因的丘状交错层理、水平层理。

▲牛蹄塘组中的褶皱(湖南岳阳)

▲寒武纪探溪组中风暴岩(湖南浯口)丘状层理(左)；水平层理(右)

(2)奥陶系(距今4.85亿～4.44亿年):奥陶纪是一个笔石动物横行的时代,在江南造山带(西段)这片海域也孕育了大量的生命,笔石是常见的化石,另外有角石等化石。海底由下至上沉积了灰绿色板岩与灰岩互层的

▲**奥陶系中的笔石化石**(1～6产地湖南、7～13产地广西,比例尺长度为5mm)

笔石化石的拉丁名:1.*Orthograptus* sp.;2. *Expansograptus* sp.;3. *Expansograptus extensus* (Hall);4. *Acrograptus* sp.;5–6. *Expansograptus nitidus* Hall;7. *Expansograptus* sp.;8 *Undulograptus* sp.;9. *Phyllograptus anna* Hall;10. *Pseudisograptus rnanubriatus janus* Cooper et Ni;11. a.*Expansograptus hirundo* Salter;b.*Expansograptus hirundo angustus* Jiao;12. *Phyllograptus typus* Hall;13. *Tetragraptus* sp.

留咀桥组；灰绿色、灰黄色泥岩、页岩夹生物屑灰岩的宁国组；以灰白色—灰绿色龟裂纹灰岩为主，产三叶虫、棘皮类、腕足类及角石的宝塔组；以含锰为特征，以灰色薄层条带状含黏土质微晶灰岩夹灰岩扁豆体及页岩为主的黄泥岗组；以碳质页岩为特征的五峰组（重要的生油层）。

(3)志留系(距今4.44亿～4.19亿年)：志留纪发生了地质学上的加里东运动，这个时期地壳活动加剧，在华南表现为扬子陆块与华夏陆块间的陆内造山，直接导致江南造山带(西段)海洋的海水变浅直至海底露出地表，变成高山遭受剥蚀。在此造山过程中，缺失了距今4.33亿～3.93亿年的沉积记录，仅仅保留了4.44亿～4.33亿年约1100万年海水变浅过程中的沉积记录。这套沉积岩是在浅海—三角洲环境形成的，岩石成分单一，基本全为砂岩与泥岩，在不同地区仅仅层厚与比例发生变化，发育楔状交错层理、平行层理、水平层理及波痕，产三叶虫、虫管遗迹化石。在湖北咸宁地区由下至上分为新滩组、坟头组与茅山组。

▲志留纪新滩组中的波痕构造(湖北咸宁)

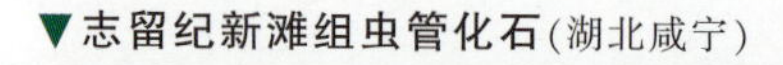

▼志留纪新滩组虫管化石(湖北咸宁)

3)上古生界

(1) 泥盆系 (距今4.19亿~3.59亿年):加里东造山运动之后,中国南方大陆具有西南低北东高的古地理格局,泥盆纪开始海水由西南的广西钦州—防城地区向东北方向一路入侵,约3.9亿年左右江南造山带(西段)再次被海水覆盖,重新开始接受沉积。可以想象西南被海水淹没早,沉积厚度大,可达1000m,东北接受沉积晚,沉积厚度小,厚度不到20m。沉积厚度较大地区,沉积的是一套河流-三角洲-浅海沉积物。下部主要的砾岩、石英砂岩、泥岩、砂岩中发育平行层理、粒序层理、大型板状斜层、楔状交错层理。中部为碳酸盐岩(灰岩、白云岩),产底栖生物腕足、双壳类、珊瑚、层孔虫等化石。上部为细粒石英砂岩、粉砂岩、泥岩为主夹泥灰岩沉积,产鲕状赤铁矿,化石以鱼类和植物为主。沉积厚度较小的地区,为一套砾岩、石英砂岩、泥岩的沉积组合,砂岩平行层理、楔状交错层理及羽状交错层理发育。

▲泥盆纪棋梓桥组灰岩中的珊瑚化石(左)和层孔虫化石(右)(湖南浯口)

(2) 石炭系 (距今3.59亿~2.99亿年):石炭纪早期在江南造山带(西段)海洋沉积的是一套含砂岩、碳质泥岩夹碳酸岩结核、鲕状铁质砂岩及煤层,砂岩发育大型板状交错层理、楔状交错层理和平行层理，产植物、双壳、腕足化石。晚期为一套浅海碳酸盐岩，主要岩石为厚层白云岩、角砾状白云岩、含生物屑灰岩、鲕粒灰岩、核形石球状灰岩，产大量化石，有腕足、双壳、海百合茎、蜓等。

▲石炭纪樟树湾组中煤层(湖南浯口)

(3) 二叠系（距今 2.99 亿～2.52 亿年）：二叠纪伊始，在江南造山带（西段）海洋里沉积了厚层状团粒灰岩、生物屑灰岩，产丰富的蜓类化石，称为船山组。之后的地壳运动再一次使得海洋上升为陆地，不过这次运动并不如加里东运动那样强烈，地壳以垂直升降运动为主，到中二叠世（约 2.73 亿年）左右海水又将陆地淹没，于河流—沼泽—三角洲地区沉积了一套含煤地层，称为梁山组。该组中产丰富的植物、腕足、介形虫等化石。之后，海平面持续升高，中国南部全部被海水覆盖，形成了一套含硅质结核的碳酸盐岩沉积。由下至上为栖霞组、茅口组。栖霞组以含燧石条带、结核为特征，夹薄层状碳质泥岩，产菊花石，化石丰富，产䗴、菊石、腕足、双壳及珊瑚化石。茅口组以块状(单层厚大于2m)的含燧石结核的生物屑灰岩为特征，产大量化石，有䗴、菊石、腕足、双壳、棘皮类及珊瑚化石。到中晚二叠世之交（约2.59亿年前），海平面开始下降，广阔的浅海地区变成了河流、沼泽地(类似于亚马逊)，沉积了一套含煤的砂岩、泥岩沉积，植物化石丰富。之后随着海水加深，在广袤的大陆架浅水沉积了以碳酸盐岩为主的长兴组，含丰富的腕足、珊瑚、藻类、䗴、双壳、海百合化石。随后，在距今约2.5亿年左右，发生了地球历史时期最严重的生物大灭绝事件。估计地球上有96%的物种灭绝，其中90%的海洋生物和70%的陆地脊椎动物灭绝。三叶虫、䗴以及重要珊瑚类群全部消失。

▲二叠纪栖霞组中的黑色燧石结核(湖北咸宁)

▲二叠纪栖霞组中的菊花石(湖北咸宁)

许多陆栖爬行类群也灭绝了。这次大灭绝使得占领海洋近 3 亿年的主要生物从此衰败并消失，让位于新生物种类，生态系统也获得了一次最彻底的更新。

▲二叠纪茅口组中的蜓化石(湖北咸宁)

4)中生界

(1) 三叠系 (距今 2.52 亿～2.01 亿年): 二叠纪末期生物大灭绝事件后的早三叠世（2.52 亿～2.37 亿年),在荒凉的江南造山带(西段)海域沉积了一套以碳酸盐岩（灰岩与白云岩）为主，夹钙质泥岩的沉积，岩石中化石种类单一，有双壳类、菊石、藻类及生物遗迹化石。在中三叠世，受西太平洋板块向西俯冲远程效应的影响（印支运动),这片海域的海水逐渐开始退却形成陆地、沼泽、湖泊,犹如一个巨大的“碟子”，面积广大，但水体很浅，沉积物由海相的碳酸盐逐渐变为海陆过渡相、陆相（包括河流、湖泊）的砂岩、泥岩夹煤层。产大量的植物叶片、茎干化石、硅化木及少量的双壳类化石。

（2）侏罗系（距今 2.01 亿～1.45 亿年）：侏罗纪——恐龙是这个时代的主宰。早侏罗世（2.01 亿～1.74 亿年）在江南造山带（西段）这片地区沉积了以灰绿色、黄绿色砂岩、泥岩为主夹煤层的地层，产大量植物化石。之后，气候开始变得炎热、干旱，高温、氧气把这里的一切都氧化成紫红色，因此，沉积盆地中保留的岩石均为紫红色调的砂岩、粉砂岩及泥岩。到晚侏罗世（约 1.63 亿年），地壳活动加剧（燕山运动），这片地区整体隆升形成高山、丘陵，接受风化剥蚀，因此江南造山带（西段）的绝大多数地区都没有保留晚侏罗世沉积。

（3）白垩系（距今 1.45 亿～0.66 亿年）：白垩纪时期气候干旱、天气炎热，炙热的太阳把沉积物烤成紫红色，因此称为白垩纪红层。在江南造山带（西段）山区，泥石流时常发生，在一个个断陷盆地的周围形成了一个个的冲积扇。在冲积扇的根部，岩石主要为砾岩，砾石成分复杂，一般就地取材，有砂岩、板岩、脉石英、云母片岩、花岗岩、灰岩及硅质岩，磨圆中等，扁

▼砾岩中叠瓦状、放射状排列的砾石（湖南临湘）

平状，长条状，大小混杂，长轴多顺层展布，少数与层面斜交，有些砾石群呈叠瓦状排列，有些呈放射状排列。在冲积扇中部，有规模不等的分支河流，沉积物常常具有砾岩→含砾砂岩→砂岩，由粗变细的序列，砾岩底部显示河道冲刷-充填构造，砂岩平行层理、槽状交错层理发育。在冲积扇尾部(扇缘)，水动力减弱，沉积物变细，沉积物以紫红色砂岩为主，夹砾岩，砂岩中发育槽状交错层理、平行层理。

▲扇中河道冲刷-充填构造及槽状交错层理(湖南临湘)

▲扇缘槽状交错层理(湖南岳阳)

5）新生界

（1）古近系—新近系（距今6600万～258万年）： 与白垩纪一样，这个时期的泥石流也十分普遍，但在江南造山带（西段）地区除了记录冲积扇沉积外，还保留了河流沉积。河流沉积具有由河道滞留砾岩与细砂岩组成的二元结构。

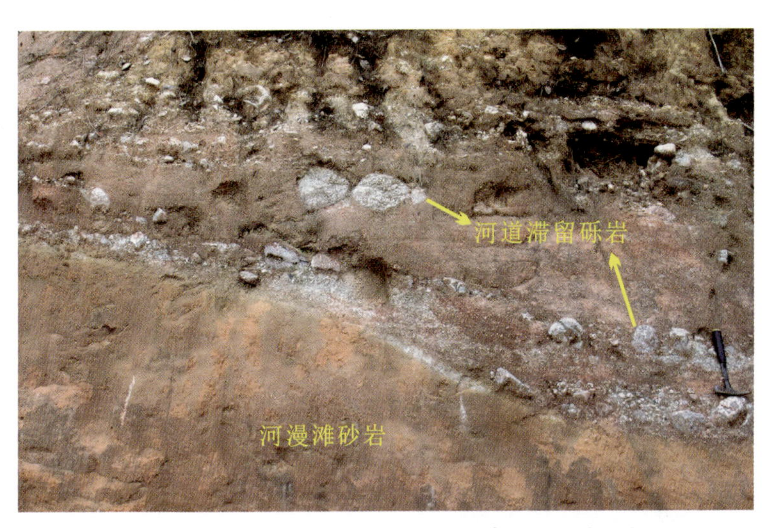

▲古近纪河流沉积（湖南临湘）

（2）第四系： 这个时代的沉积均未成岩，主要为松散的砾石层、砂层、黏土等，在沉降区及山麓均能见到。其中最具特色的是中更新世的褐红色网纹红土。网纹呈白色、黄白色，如指状、管状、虫状，因此也称为蠕虫状黏土（类似“沙琪玛”）。由于干湿气候的交替，红色黏土层长期受氧化还原交替作用的影响，还原部分黏土层中的铁质沿裂隙下移而使这部分黏土褪色成白色（白色为纯水铝石 $Al_2O_3 \cdot H_2O$），而当铁质发生水化时，这部分黏土变成黄色，因而见白色及黄色网纹夹杂于红色黏土层中。网纹红土中赤铁矿的含量较高，磁赤铁矿的含量较上覆均质红土或黄棕色土低，揭示了网纹红土形成于一个极端湿润期、长期剧烈的水分活动的环境中。

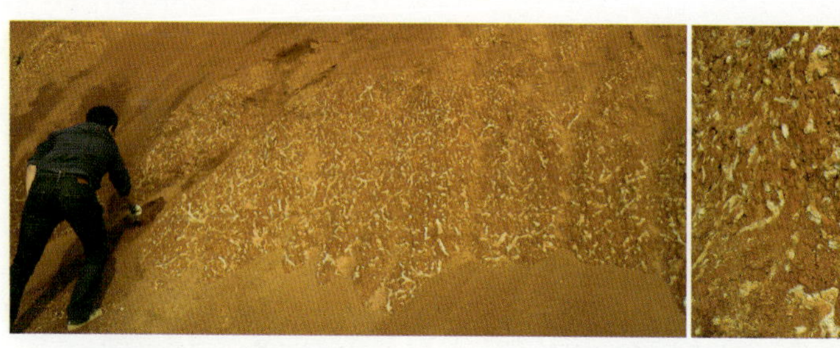

▲中更新世网纹红土(湖北咸宁)

2. 区域岩浆岩

岩浆岩又称火成岩，是由来自地球深部炽热的岩浆固结而成的岩石，岩浆在地下深处结晶固结的为侵入岩，经火山喷发到地表后冷凝固结的为火山岩，又称喷出岩。岩浆是在地壳深部或上地幔产生的高温炽热、含有挥发分的硅酸盐熔融体，是形成各种岩浆岩的母体。岩浆的发生、运移、聚集、变化及冷凝成岩的全部过程称为岩浆作用。

江南造山带岩浆岩较发育。其中侵入岩绝大多数为花岗岩类，另有少量中基性侵入岩（二氧化硅含量53%～65%的侵入岩），极少量超基性岩（二氧化硅含量低于45%）。火山岩(喷出岩)类主要有玄武质、流纹质、英安质火山岩，少量超基性、粗面质和安山质火山岩。

新元古代(距今10亿～5.41亿年)花岗岩类主要分布在湘东北、桂北等地。湘东北地区有湖南浏阳长三背花岗岩体，岳阳张邦源岩体，形成年龄为10亿～8亿年。桂北主要分布于三防和元宝山地区，包括本洞、峒马、寨滚、大寨、龙有、三防、平时、田朋、元宝山等岩体，出露面积约1500km²，呈岩基、岩株状产出，形成年龄也为10亿～8亿年。基性岩（二氧化硅含量45%～53%的岩浆岩）主要出露于桂北，其中宝坛地区发育了大约8.25亿年的铁镁-超铁镁质侵入岩，桂北三门街-龙胜地区出露辉橄岩-辉长辉绿岩。湖南益阳沧水铺地区板溪群底部沧水铺组(宝林冲组)发育安山质-英安质-

▲湖南省岳阳市张邦源黑云母花岗闪长岩

▲危地马拉火山喷发（荷兰摄影师 Albert 摄）

流纹质火山岩，利用安山质（英安质）火山集块岩曾获得了单颗粒锆石 U-Pb 年龄 9.33 亿～9.22 亿年和 Rb-Sr 等时线年龄 9.21 亿年，均为新元古代的岩浆岩。

早古生代(5.41 亿～4.19 亿年）花岗岩类分布于湘桂地区，有板杉铺、吴集、西园坑、岩坝桥等岩体，它们侵入寒武系、奥陶系甚至志留系，又被中泥盆统或下泥盆统不整合覆盖。早古生代火山岩多为中酸性火山岩。

晚古生代—中生代三叠纪(4.19 亿～2.37 亿年）花岗岩类主要分布

▲灰白色中细粒含斑二云母二长花岗岩(湖北通城)

▲灰白色细粒花岗闪长岩中的灰黑色闪长岩包体(湖北通城)

▲花岗岩中形态各异的伟晶岩脉(湖北通城)

▲伟晶岩中的绿柱石(湖北通城)

于湘东北地区，更大区域上海西期-印支期花岗岩类总体呈面状分布，出露较分散。

中生代侏罗纪—白垩纪（约1.99亿～0.65亿年）花岗岩类在造山带内分布面积最广，展布方向以东西向、北东向为主，部分呈北西向、南北向产出，主要有幕阜山花岗岩，后期有大量的伟晶岩脉侵入，伟晶岩中常含绿柱石。晶体形态、光泽较好的绿柱石常可作为宝石，耀眼夺目的海蓝宝石就是一种绿柱石。岩浆侵位过程中经常包含与岩体相异的成分，我们经常称之为包体。基性岩分布零星，规模较小，大多呈岩墙、岩脉状产出，主要岩石类型有两类，煌斑岩和辉绿岩，以煌斑岩为主，多呈脉状分布，少数形成小岩株。晚中生代火山岩主要见于长沙—宁乡一带等地，有长沙县的果园、高桥、春华山及浏阳市的应家山、西楼等地产有晚白垩世玄武岩和玻质粗面岩，宁乡县青华铺产有拉斑玄武岩。此外，在醴攸、茶永等地也有晚白垩世火山岩产出。

新生代（距今6500万年）岩浆岩活动较弱，分布很少，偶见碱性及拉斑质基性（-超基性）火山岩、粗面岩等。

3. 区域构造背景

江南造山带处于扬子板块和华夏板块之间，主要为前寒武纪地质单元，是扬子板块与华夏板块自新元古代以来多次碰撞拼合形成的造山带。

位于江南造山带北西侧的扬子地块为一个相对稳定的地块，存在非常古老的地质体，最早可追溯到30亿年前。东南部的华夏地块是一个独立于扬子地块的另一块体，其范围从浙、闽经粤东可一直延到粤、桂交界的云开地区。扬子地块和华夏地块这两个主要的地质构造单元，共同组成了华南大陆壳，中间由江南造山带隔开。

大约10亿年前，地球上许多古老的陆块漂移、拼合在一起，形成罗迪尼亚超级大陆（Rodinia）。它的形成过程被称为格林威尔造山事件。我国由康滇地块、扬子地块、华夏地块等好多地块拼贴成了一个整体，处于罗迪尼亚超级大陆的边部，代表了罗迪尼亚超级大陆聚合晚期局部的拼合过程。扬子地块和华夏地块碰撞挤压形成的造山带即为初期的江南造山带。之后，区域进入陆内裂陷、挤压阶段，经历了板块内部裂陷到挤压的动力学演化过程，使江南造山带形成了现今的状态。

4. 变质岩类型及其分布特征

变质作用形成的岩石为变质岩。江南造山带内变质岩分布广，岩石类型齐全，分为区域变质岩、混合岩、接触变质岩、气-液变质岩、动力变质岩，以区域变质岩分布最广。江南造山带（西段）主要经历了晋宁运动、雪峰运动、加里东运动、海西-印支运动、燕山运动5次构造事件。变质岩也主要形成于这5期构造运动，前3期主要形成区域变质岩，第4期则主要形成区域变质岩和接触变质岩，第5期主要形成接触变质岩，而每期均有动力变质岩形成。

区域变质岩分布较广，主要为新元古代青白口纪地层，包括湖南东北冷家溪群、广西的丹洲群、贵州的四堡群、江西和湖南的板溪群等。江南造山带内南华纪—寒武纪地层也有广泛的区域变质岩存在。

混合岩主要叠加分布在区域递增变质带地区，有少数分布于花岗岩边缘。前者呈区域带状或穹隆状分布，如幕阜山地区和连云山地区；后者分布局限，主要出现在晋宁期（约8亿年）和加里东期（5.4亿～4.1亿年）岩体周围，如湘东北长三背—赣西九岭山地区。带状混合岩都是沿变质岩层呈层状或条带状分布，具有多层性、不连续性、突变性等特征，混合岩化作用沿垂直走向可发生突变，无一定的中心，混合岩化程度常深浅不一，很不均匀；穹隆型混合杂岩呈穹状分布，形成各种不同的具有流变特点的穹隆，中心混合岩化最强，出现混合花岗岩或混合片麻岩，由中心向外，混合强度依次减弱。

接触变质岩和接触交代变质岩主要发育于加里东期—燕山期，以燕山期为最盛，分布在侵入体周围，几乎在所有呈侵入接触的各期次中

▲发生弯曲变形的冷家溪群粉砂质板岩(湖南岳阳)

▼条带状混合岩(湖南临湘)

酸性岩体的接触带都有分布，其次在桂北的基性—超基性岩体接触带也能见到。接触变质岩都围绕岩浆(或再生岩浆)侵入体向外表现为温度逐渐降低而形成的一系列递减变质带，呈晕圈状分布，宽度在数米、数十米至千余米不等。接触变质岩分布较广的有斑点板岩、空晶石板岩，其次为大理岩；接触交代变质岩主要有矽卡岩，其次有钠长英质板岩，此外有侵入体与围岩发生交代作用形成的各种混染岩。

气–液变质岩通常规模也不大，但

分布颇为广泛，不但在基性—酸性侵入岩及其围岩中普遍存在，而且在各类喷出岩中也有分布，甚至在一些规模较大的断裂带中亦广泛发育。原岩和气水溶液性质的不同,决定了气-液变质作用的类型。与中酸性岩浆热液有关的蚀变岩主要有云英岩和电英岩,此外还有绢云母化、钠长石化、硅化、绿泥石化及不甚发育的绿帘石化、白云母化、黄铁矿化、叶蜡石化等;与基性岩浆热液有关的蚀变岩主要有蛇纹岩，此外还有滑石化、次闪石化、钠长石化、碳酸盐化、钠黝帘石化、绿泥石化等。

动力力变质岩分布于断裂带两侧,呈带状分布,一般宽数米至数十米,也可达数千米不等。此类变质岩虽然可见于各个时期的大小断裂带，并可发生于不同时代不同性质的各种岩石中，但有一定规模和强度的动力变质带主要见于加里东期及尔后又多次活动的大断裂带中，如浏阳-双牌-恭城-大黎断裂带等。形成的岩石主要有构造角砾岩、碎裂岩、糜棱岩和千糜岩。

3

资源概况

Ziyuan
Gaikuang

一、主要矿产特征

江南造山带矿产资源丰富多样，分布广泛，主要矿产有金、铜、铁、铅锌、锰、磷矿、锂、铍、铌、钽等。

1. 金

金又称黄金，其元素符号是Au，是一种非常重要的金属。19世纪之前黄金的发现和开采非常少，19世纪之后一系列金矿的发现，使得黄金产量得到了大幅度的提高，2016年全球产金3255t，连续7年创新高。2016年，我国累计生产黄金

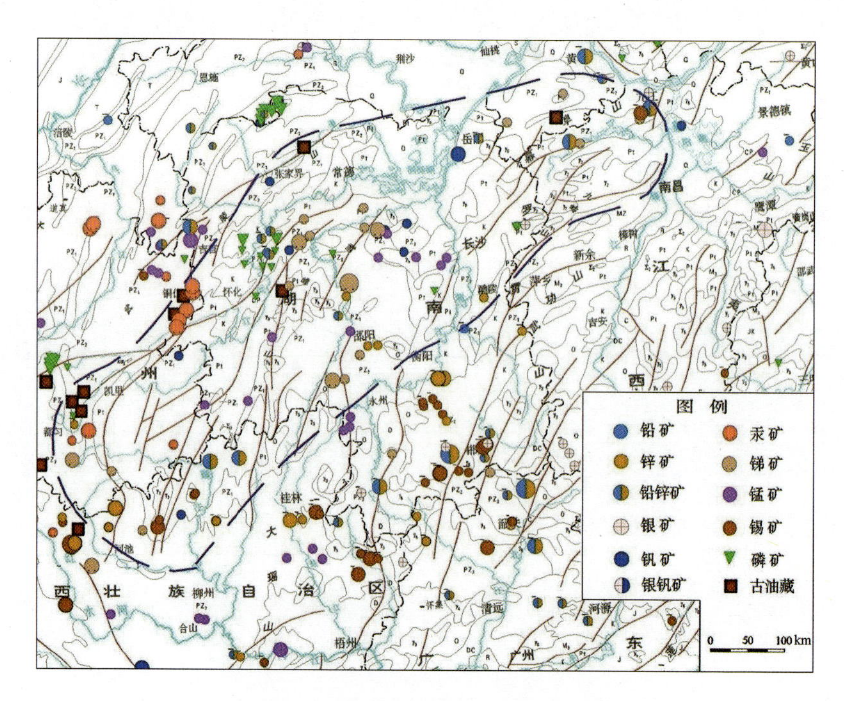

▲江南造山带(西段)主要矿产分布简图

▲黄金饰品

453t,连续10年居世界第一,同时我国也是黄金消费大国,2016年全国黄金消费975t，连续4年成为世界第一黄金消费国。

金在社会上有广泛的用途,不仅是用于储备和投资的特殊通货，同时又是首饰业、电子业、现代通讯和航天航空等部门的重要材料。

国际储备是由黄金的货币商品属性决定的。由于黄金的优良特性，历史上黄金充当货币的职能，如价值尺度、流通手段,储藏手段,支付手段和世界货币。20世纪70年代以来黄金与美元脱钩后，黄金的货币职能有所减弱。许多国家,包括西方主要国家国际储备中，黄金仍占有相当重要的地位。

珠宝首饰:由于较稀有,色泽艳丽,长期以来被广泛用作珠宝首饰。

工业应用：由于金具备有独一无二的完美的性质，它具有极高的抗腐蚀的稳定性；良好的导电性和导热性；对红外线的反射能力接近100%;在金的合金中具有各种触媒性质;金还有良好的工艺性,极易加工成超薄金箔、微米金丝和金粉;金很容易镀到其他金属和陶器及玻璃的表面上，在一定压力下金容易被熔焊和锻焊；金可制成超导体与有机金等。正因为有这么多有益性质，使它有理由广泛用到最重要的现代高新技术产业中去，如电子技术、通讯技术、宇航技术、化工技术、医疗技术等。

金合金多在牙科修复学上使用，特别是牙齿修复，例如牙冠及永久牙桥。金合金的细微延展性，可令表面与其他牙齿吻合，所以修复效果比陶瓷制的大臼齿好。

金导电系数非常高，常用在3C产品的电路板上。

金是电磁辐射的优良反射体，所以它被用作人造卫星、保暖救生衣的红外线保护面层、太空人的头盔及电子战机如EA-6徘徊者式电子作战机的保护层。

在摄影上，金调色剂可把溴化银的黑白相片变成棕色或蓝色色调，或增加它们的稳定性。在棕褐色调相片中，金调色剂会令相片变成偏红色调。

金或金与钯的合金在扫描电子显微镜中，担当了生物样本及其他非传导物质传导的角色，如塑胶及玻璃。涂层以氩等离子的溅镀方式加上。金在电子束照射下，亦会制造一个次级发射，这些低能量电子通常会作为扫描电子显微镜信号来源。

自然界中，金通常以单质的形式存在，也常与银形成合金。天然金通常会有8%～10%的银，当银含量超过20%时称为银金。

金主要分布在湘东北的平江—浏阳一带，主要有平江黄金洞金矿床、平江万古金矿床、平江大洞金矿床、浏阳雁林寺金矿床。湘西沅陵一带也有部分金矿床，代表性的矿床为沅陵沃溪金锑钨矿床。

湘东北地区主要为独立金，金主要产在石英脉或蚀变破碎带、韧性剪切带中，围岩主要为青白口纪冷家溪群。矿床明显受构造作用控制，总体呈近东西向或北东向展布，分布在大型韧性或脆-韧性剪切带两侧。区内的成矿作用有很明显的阶段性和继承性，研究表明区内金矿主成矿期为加里东期，并存在印支期和燕山期成矿。据研究，金成矿物质大部分来源于冷家溪群，冷家溪群岩石中金含量远高于上部地壳金丰度值，部分来源于深部岩浆。

我国金矿的开采主要分为露天开采和地下开采两种，以地下开采为主。露天开采一般适合于砂金和微细粒金矿的开采。砂金的开采有人工挖掘和采金船两种，前者多用在残坡积区及有大量粗大砾石存在的河床地区。地表出露良好的微细金矿床，一般也采用露天开采。

巴布亚新几内亚露天开采的金矿（图片来源：新浪博客 http://blog.sina.com.cn/s/blog_5a7a0a0c0100zo7a.html）

湖南浏阳金矿民窿

地下开采是我国金矿的主要开采方式，江南造山带(西段)的金矿也基本上是这种开采方式。因为金矿床大多为埋藏在地底下，需要使用开窿方式来开采。目前我国既有机械化程度很高的金矿窿道，也有低矮简陋的矿窿，还有一些小型民窿。地下开采按窿道的延伸方向分为平硐、斜井、竖井3种，是针对不同的矿体埋藏状态来设计的。浙江丽水遂昌金矿国家矿山公园就是在遂昌金矿开采后，依托井下矿洞修建起来的一座AAAA级景区。

▲浙江丽水遂昌金矿国家矿山公园矿洞景色(图片来源：新浪博客，http://blog.sina.com.cn/s/blog_4a4eb7fe0102wc1h.html)

2. 锰

锰的元素符号是 Mn，它的原子序数是 25，是一种灰白色、脆硬、有光泽的过渡金属。锰广泛地存在于自然界中。锰最早的使用可以追溯到石器时代。早在 17 000 年前，锰的氧化物（软锰矿）就被旧石器时代晚期的人们当作颜料用于洞穴的笔画上，后来古希腊斯巴达人在使用的武器中也应用了锰。古埃及人和古罗马人使用锰矿给玻璃脱色和染色。

虽然锰矿很早被人们所应用，但是，一直到 18 世纪 70 年代以前，西方化学家们仍然认为软锰矿是含锡、锌和钴等的矿物。18 世纪后期，瑞典化学家柏格曼通过研究认为软锰矿是一种新金属氧化物，试图提炼但并未成功。1774 年，伯格曼的助手甘恩从软锰矿粉中提纯出了纽扣大小的金属锰块。

锰的用途十分广泛，主要用于钢铁领域，在化工、电子、农业、医疗等领域也多有应用。锰在钢铁中主要用于钢的脱硫和脱氧，也用于作为合金的添加剂，以提高钢的强度、硬度、弹性极限、耐磨性和耐腐蚀性等。

我国锰矿资源较多，分布广泛，在全国 21 个省（区）均有产出，截至 2017 年总保有储量约 11×10^8t。主要分布在贵州、广西和湖南。从矿床成因类型来看，以沉积型锰矿为主，

▲软锰矿

▲硬锰矿

如广西下雷锰矿、贵州遵义锰矿、湖南湘潭锰矿等；其次为火山-沉积型锰矿，如新疆莫托沙拉铁锰矿；表生锰矿，如广西钦州锰矿。从成矿时代来看，自元古宙至第四纪均有锰矿形成，以南华纪和泥盆纪锰矿最多。

最早开采的锰矿山是美国田纳西州惠特福尔德锰矿，1837年开始开采；印度开采锰矿也较早，始于1892年。我国锰矿的地质找矿工作开始于1886年，于1890年在湖北阳新发现锰矿，随后在湖南湘潭、江西乐华等地发现了锰矿。我国最早开采的锰矿山是湖北阳新锰矿，1890年开始开采，后因质量不佳停产，随后在湖南湘潭等地开采。

锰矿是排名第三的大宗金属，排在铁矿、铝矿之后，是国家战略紧缺矿产。中国也是全球最大的锰矿石和锰系材料生产、消费大国。

我国锰矿的开采方式有露天开采和地下开采两种。风化堆积型氧化锰矿多为露天开采，开采量约占全国开采量的70%以上，主要矿山有湖南玛瑙山锰矿、广西木圭锰矿等。地下开采量约占全国开采量的30%。地下开采的矿山主要有湖南湘潭，贵州遵义、松桃，广西龙头等地。地下开采多为平硐和斜井开拓，也有采用平硐与斜井联合开拓，如贵州遵义锰矿。

江南造山带内的锰矿主要产出在贵州铜仁，少量在湖南湘潭等地。贵州铜仁位于江南造山带的西南段，素有“锰都”美称，先后发现了贵州普觉、道坨、高地、桃子坪4个世界级超大型隐伏锰矿床以及6个大中型锰矿床。铜仁地区的锰矿最早发现于20世纪50年代末。当时，正值我国大炼钢的时候，当地农民把产于铜仁松桃县大塘坡的黑石头当作“铁矿石”开采冶炼，发现炼不出铁。1958年7月，贵州省地质局103队（以下简称“103队”）实地踏勘发现这些黑石头是氧化锰矿石。锰是国家战略紧缺矿种之一，贵州省铜仁地区位于川滇黔成矿带和湘西-鄂西成矿带交会部位，锰资源十分丰富，为南华纪“大塘坡式”锰矿。大塘坡锰矿被发现后，在同一块区域，103队组织了两次锰矿普查，证实原生矿是碳酸锰矿（菱锰矿），具有工业远景。毗邻的四川省和湖南省也深受启发，湖南省地质局405队在相同的地层层位发现了花垣民乐大型锰矿床，四川省地质局107队在秀山发现了榕溪、笔架山等中等锰矿床。此后，贵州103队、108队再接再厉，在松桃县接连发现了大屋锰矿床和松桃杨立掌锰矿床。20世纪六七十年代，黔东及贵州省铜仁地区逐渐成为我国最重要的锰矿富集区和锰工业基地，铜仁市也因此成为我国"锰三角"的重要组成部分。1961—1988年，贵州地矿局经过近30年的勘查实践，在前人研究基础上逐步认识了大塘坡锰矿厚度规律、方向性、岩相组合规律等特征。至2003年，经过40余年的探寻，铜仁市提交锰矿资源4300×10^4t。然而，经过长期规模开采，铜仁地区探明的锰矿资源已接近枯竭，远远不能满足发展的需要。从2008年开始，通过省级和国家级整装勘查，在铜仁松桃县先后发现了道坨锰矿床、西溪堡锰矿床、李家湾锰矿床等超大型、大型锰矿床。

3. 铁

铁，元素符号是Fe，是世界上发现最早、利用最广、用量最多的一种金属，其消耗量约占金属总消耗量的95%左右。铁的用途非常广泛，可用于医药、农药、粉末冶金、热氢发生器、凝胶推进剂、燃烧活性剂、催化剂、水清洁吸附剂、各种机械零部件制品、硬质合金材料制品等；纯铁用于制作发电机和电动机的铁芯，钢铁用于制造机器和工具；铁及其化合物还用于生产磁铁、药物、墨水、颜料、磨料等；铁还用于生产铁盐和电子元器件；铁可以作为添加剂用于医疗保健用品。

铁在自然界中广泛存在，占地壳含量的4.75%，仅次于氧、硅、铝，位居地壳含量第四。自然界中自然铁极少，大部分以化合物的形式存在，用于炼铁的铁矿石主要有磁铁矿、赤铁矿、假象赤铁矿、针铁矿、褐铁矿、菱铁矿和钛磁铁矿。

我国铁矿资源非常丰富，但极大多数铁矿资源属于品位低、杂质含量高、嵌布粒度细的赤铁矿石类型。保有储量超过 20×10^8t 的地区有：辽宁鞍山—本溪（106.5×10^8t）、四川攀枝花—西昌（51.6×10^8t）、冀东—北京（58.1×10^8t）、山西五台—岚县（30.8×10^8t）、南京芜湖—庐江枞阳（21.4×10^8t）。江南造山带的铁矿主要分布在道县—祁东一带，湘东北地区也有小型铁矿，主要有道口县江口铁矿、祁东铁矿、绥宁县小沈铁矿、浏阳七宝山鸡公湾铁矿。

江口铁矿位于湖南省洞口县城西北约 23km 处，属洞口县江口镇管辖。该矿发现于 1958 年，曾先后开展了普查和详查工作，矿床规模为大型。铁矿层主要赋存于南华纪江口组第三段中，层位较稳定，周围的岩石为长石石英砂岩，均属沉积变质型铁矿床。

祁东铁矿位于湖南省祁东县县城西北 14km 处。该矿为南华纪江口组沉积变质型铁矿，与江口铁矿类型一致。该矿已探明储量 6×10^8t，规模为大型，是湖南境内最大的铁矿床，但由于品位低，选矿成本高，而作为“呆矿”一直未进行大规模开发。

铁矿的开采主要有露天开采和地下开采（平硐、斜井、竖井）两种方式。我国在 1949—1957 年期间，80%以上的矿山为地下开采，露天开采的不到 20%，随后，一批露天铁矿相继建成投产，地下开采的比重急剧下降，到 20 世纪 90 年代初，露天开采的比重大幅上升，可达 80%。江口铁矿和祁东铁矿开采主要以地下开采为主，采用空场采矿法，在回采过程中，依靠周围岩石自身的稳固性及少量的矿柱、人工支柱来支撑采空区。

4. 铜

铜，元素符号为 Cu，是人类最早使用的金属之一。早在史前时代，人们就开始采掘露天铜矿，并用获取的铜制造武器和其他器皿，铜的使用对早期人类文明的进步影响深远。

我国使用铜的历史年代久远，大约在六七千年以前中国人的祖先就发现并开始使用铜。1975 年甘肃东乡林家马家窑文化遗址（约公元前 3000 年）出土一件青铜刀，这是目前在中国发现的最早的青铜器。1973 年，在铜绿山铜铁矿开采时发现了西周至西汉的古铜矿遗址，打破了长期以来国外学术界流行的“中国青铜文化外来说”。

铜如铁一样，也是人类应用范围最广的金属之一，不仅在自然界资源丰富且具有较优良的导电性、导热性、延展性、耐腐蚀性、耐磨性等优良性质，被广泛地应用于电力、电子、能源及石化、机械及冶金、交通、轻工、新兴产业及等领域，在我国有色金属材料的消费中仅次于铝。我国的精铜消费主要集中在房地产、电力、家电、汽车等这些行业，大致消费结构如图。

▲铜线

▲铜质三通

我们应用的铜来源于铜矿的开采和冶炼。铜在地壳中的含量约为 0.01%。自然界中的铜多以化合物的形式存在。2014 年美国地质调查局对全球铜矿床进行评估，发现已探明铜资源量中含铜量约为 21×10^8t，待勘探的资源预计为 35×10^8t。据原国土资源部发布的《2016 年中国国土资源公报》显示，截至 2016 年我国铜矿查明资源储量为 9910.3×10^4t。我国铜生产地集中在华东地区，该地区铜生产量占全国总产量的 51.84%，其中安徽、江西两省产量约占 30%，西藏、云南、内蒙古、湖北也是我国铜矿主要产区。带内的铜矿主要有湘东北地区的浏阳七宝山铜多金属矿床。

湘东北铜矿床主要为浏阳七宝山铜多金属矿床。七宝山铜多金属矿床是湘东北地区最大的铜硫多金属矿床，矿化类型很多，以硫、铜、银、锌、金为主。据研究，七宝山铜多金属矿床与燕山早期的岩浆活动有关。燕山早期，岩浆沿着区域性东西向断裂及北西向断裂交会处上侵，形成七宝山花岗斑岩，随着岩体冷凝固结，分异演化，使成矿物质在岩体中形成细脉侵染状矿化及蚀变，在接触带形成矽卡岩矿化及蚀变，在围岩中的断裂、层间破碎带形成透镜状、层状、脉状矿化及蚀变。所以，七宝山矿体在空间上均与七宝山石英斑岩体相伴出现。七宝山矿床的成矿时代也是燕山期，胡俊良（中国地质调查局武汉地质调查中心）测试得出的年龄是1.55亿～1.53亿年。

铜矿开采跟铁矿一样，既有露天开采，也有地下开采。从我国目前开采的矿石量来看，地下开采占44.6%，露天开采占55.4%。地下开采也有平硐、斜井、竖井等3种方法。七宝山矿床为地下开采。

5. 铅、锌

自然界中，铅和锌多共生出现，成铅锌矿。铅的元素符号是Pb，是人类从铅锌矿中较早提炼出来的金属之一，是最软的重金属之一，也是密度大的金属之一。锌的元素符号是Zn，是人类从铅锌矿中较晚提炼出来的金属。铅锌广泛用于电气工业、机械工业、军事工业、冶金工业、化学工业和医药行业等领域。此外，铅金属在核工业、石油工业中也有较多的用途。锌是重要的有色金属原材料，在有色金属消费中仅次于铜和铝。锌应用广泛，可用作防腐层的镀层，镀锌板；制造铜合金材料，用于汽车制造和机械行业；用于铸造锌合金；用于制造氧化锌，用于橡胶、涂料等；用于制造干电池。铅用途主要集中在铅酸蓄电池、化工、铅板及铅管、焊料和铅弹等领域。区内的铅锌矿主要为湖南桃林铅锌矿。

湖南桃林铅锌矿为湘东北地区大型铅锌矿床。矿体主要赋存于东北向的张性断裂，位于燕山期花岗岩与冷家溪群、白垩纪—第三纪百

铅锌矿▶
（湖南临湘）

花亭组接触带的破碎带中，矿体严格受断裂带控制，属中低温热液裂隙充填矿床，主要有方铅矿化、闪锌矿化、黄铁矿化以及萤石矿化和重晶石矿化。矿石矿物主要为方铅矿、闪锌矿、黄铜矿、辉银铅矿、辉银矿、萤石，其次为菱锌矿、白铅矿、蓝铜矿等。脉石矿物主要有石英、重晶石、方解石等。其成矿时代为燕山期。

6. 锑

锑也是江南造山带的一个优势矿种。锑，是一种银白色有光泽并且脆的金属，元素符号为 Sb，在自然界中主要存在于硫化物辉锑矿中。锑应用广泛，60%的锑用于生产阻燃剂，而 20%的锑用于制造电池中的合金材料、滑动轴承和焊接机。其他的锑主要用于 3 个方面：一是生产聚对苯二甲酸乙二脂的稳定剂和催化剂；二是用做澄清剂制造电视屏幕；三是用做颜料。

中国是世界上锑产量最大的国家，约占全球的 84%。而湖南省的冷水江市的锡矿山是世界上最大的锑矿，估计储量为 210×10^4t。而江南造山带的锑矿有桃江板溪锑矿、安化渣滓溪锑矿和沅陵沃溪金锑钨矿。板溪锑矿位于湖南省桃江县县城西南约25km板溪林场内，是已开采百年的大型锑矿床。矿床的主要矿石为辉锑矿和金矿，伴生有黄铜矿、黄铁矿、毒砂和铅锌矿。

7. 钽、铌

钽，元素符号为Ta；铌，元素符号为Nb。钽和铌都属于高熔点（钽2996℃、铌2468℃）、高沸点（钽5427℃、铌5127℃）的稀有金属，外观似钢，灰白色光泽，粉末呈深灰色，具有耐腐蚀、超导性、单极导电性和在高温下强度高等特性。铌、钽主要用于生产军工和尖端技术方面所需的特种合金钢。

铌和钽两种矿物在自然界中一般共生，两种矿物富集成矿形成的矿床叫钽铌矿。含钽和铌的矿物主要是钽铁和烧绿石。钽铌铁矿中含钽多的叫钽铁矿，含铌多的叫铌铁矿。其中可作矿石开采的，主要为钽铁矿、铌铁矿和烧绿石。

稀有元素是高新制造业必须的原料，也是重要的军工用品。在新中国成立后的相当长的一段时间里，

钽铁矿▶

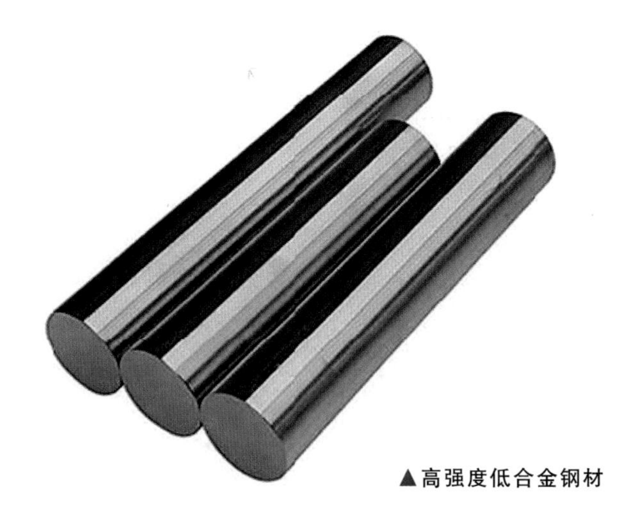

▲高强度低合金钢材

资本主义国家将锂、铍、铌、钽等稀有金属、稀土金属矿产品作为战略物资对我国封锁、禁运。在这种形式下，我国决定自力更生，立足国内解决矿产资源，发展我国稀有金属、稀土金属工业。迅速地探明了一批大型、特大型矿产地，如新疆维吾尔自治区的富蕴可可托海、柯鲁木特、青河阿斯卡尔特、福海库卡拉盖、福海群库尔等特大型、大中型锂铍铌钽矿，内蒙古自治区白云鄂博超大型铌稀土矿，四川省康定甲基卡特大型锂铍矿，江西省横峰黄山大型钽铌矿，湖南省香花岭铍矿等。20 世纪 70 年代以后，在大规模普查找矿基础上又相继发现并勘查一批矿产地，如江西省宜春特大型钽（铌）-锂矿、横峰葛源钽铌钨锡矿（钽为特大型），湖北省竹山庙垭特大型铌、稀土矿，内蒙古自治区扎鲁特旗巴尔哲大型铌、稀土矿，福建省南平西坑大型钽铌矿，广东省广宁横山中型铌钽矿和广西恭城水溪庙钽铌矿（钽大型）、金竹园钽铌矿（钽大型）等。使我国稀有金属矿产储量在世界居于前列。

江南造山带（西段）的钽铁矿主要分布在湘东北地区，幕阜山岩体边缘，主要有湖北通城断峰山钽铌矿和湖南平江仁里钽铌多金属矿。

二、主要矿山、矿产地

江南造山带矿产资源十分丰富，现已查明的有金、锰、铜、铅、锌、银、钨、钴等多种矿产。湘东北地区的金、铅锌、铜等有一定的规模，江南造山带西南段铜仁的锰是我国重要的锰资源基地。

现对带内主要矿床作简要叙述。

1. 贵州铜仁松桃锰矿

松桃苗族自治县位于贵州省铜仁市北部，松桃地处武陵山脉主峰梵净山东麓，黔、湘、渝三省市的结合处，与湖南的花垣、凤凰，重庆的酉阳、秀山接壤，古有“地接川楚，位遏三湘”之名。锰为松桃地区的主要矿产资源。1958年贵州省地质局103地质大队（简称“103队”）在松桃县大塘坡铁矿坪发现氧化锰矿。1961年，在该地区开展地质普查，103队在铁矿坪碳质页岩中首先发现了原生锰矿，即“大塘坡”式锰矿。1971年底，松桃县确定建立松桃锰矿，1973年9月正式投产。2002年，松桃锰矿改制为民营有限责任公司，改名为“贵州梵净山锰业有限公司”，含有松桃三矿山，寨英分矿、杨立掌分矿和黑水溪分矿。截至2006年底，松涛县锰矿开采矿山企业27家，以贵州省梵净山锰业有限公司（原松桃锰矿）机械化程度最高、管理较好，开采锰矿石和加工锰粉规模最大。近年来，依托锰矿成矿新理论和隐伏矿找矿新技术，先后发现了亚洲最大、世界第五的松桃普觉、松桃道坨、松桃高地和松桃桃子坪等4个世界级隐伏超大型锰矿床和6个大中型锰矿床。新增备案的锰矿石资源量达6.17×10^{8}t，超过了2011年我国锰矿保有资源量

5.48×10^8t 的总和，新发现的超大型锰矿床数约占全球超大型锰矿总数的 1/3。

松桃锰矿主要为“大塘坡”式锰矿，为产于下南华统大塘坡组第一段黑色碳质页岩岩系中的沉积碳酸锰矿床。据研究，大塘坡组地层厚度越厚，锰矿品味越高，矿体厚度越厚。锰矿成因主要有生物成因、火山喷发沉积成因、热水沉积成因、碳酸盐岩帽沉积成因和天然气渗漏成因。

2. 湖南省洞口县江口锰矿

江口锰矿位于湖南省洞口县县城北西约 23km 的江口镇。锰矿层赋存于湘锰组碳酸盐岩与碳泥质硅质岩的交互层中，层位较稳定，矿床成因为沉积变质型，地表大多为氧化锰，深部为菱锰矿。锰矿石中主要的含锰矿物为菱锰矿，其次为锰方解石，少许硬锰矿和软锰矿。

1958—1960 年，湖南省地质矿产勘查开发局 409 地质队（原湘中地质队）在江口普查铁矿时发现氧化锰。1976 年 9 月，湖南省地质局 407 队（简称“407 队”）对江口铁矿进行详查时，发现了原生菱锰矿。1977—1981 年，407 队对江口锰矿进行了普查勘探工作，共施工钻探近 26 000m，坑探 107m，槽探约 5000m^3，查明了锰矿层呈似层状或透镜状赋存于湘锰组中，矿床成因为沉积变质型，矿石为高磷酸性碳酸锰矿石的工业类型，共圈定碳酸锰矿体 3 个，取得锰矿石储量约 780×10^4t，为中型锰矿。1970 年 8 月开始，洞口县江口人民公社在 407 队指导下对江口锰矿进行边采边探的土法开采，效果较好。1986 年创建江口锰矿，1988 年正式投产，1989 年 3 月洞口县计委批准成立“洞口县江口锰矿”，为集体企业。1999 年 5 月成立“湖南三口有限公司”，为股份合作企业。2008 年矿山进行了整合，采用斜井加平巷开拓方式开采。

3. 湖南省祁东铁矿

祁东铁矿位于祁东县县城西北约 14km 处，为南华纪江口组沉积变质型铁矿，为大型铁矿床。1958

年,“大炼钢铁”期间,群众发现了祁东铁矿。祁东县地质队在祁东县对家冲调查发现了铁矿层。后经进一步勘查,并沿含矿层追索调查,发现矿层东西延绵约10多千米,在矿区西北面也有同类含矿层出现,初步认为该矿为一个有较大远景的铁矿床。

1959年,湖南省地质局409地质队(原湘中地质队)先后对祁东对家冲、肖家岭、高峰、朝行山4个矿段进行勘查,打钻1万多米,控制储量达8000多万吨,由于属难选矿石,后暂停了勘探。1970年,湖南省地质局就祁东铁矿组织开展了勘探大会战。湖南省地质局408地质队、409地质队和417地质队先后进入祁东地区开展勘探,探明储量2亿多吨。1972—1974年,湖南省地质局又组织这3个地质队在该地区进一步开展详细勘探,共获储量2.63×10^8t。

由于祁东铁矿勘探获取了巨大的储量,对祁东铁矿的开发也拉开了序幕。1972—1975年,衡阳地区的白地市钢铁厂在祁东铁矿庙冲矿段开采,并建成了日选50t的选矿厂,每年生产铁精矿近万吨。1976年,湖南省成立的铁矿筹建处接管了庙冲铁矿,将选厂改为工业试验选厂,通过试验提高了精矿品位,降低了尾矿品位。但由于选矿工艺复杂、成本高,祁东铁矿至今未能进行大规模开发,但民办矿山开采一直在进行。

4. 湖南洞口县江口铁矿

江口铁矿位于湖南省洞口县县城北西约23km处,主要属洞口县江口镇管辖。铁矿层赋存于南华纪江口组中,为沉积变质型,矿层较稳定。矿体由条带状、块状铁矿石和含铁板岩及含铁硅质岩组成,矿体底部为灰绿色含砾长石石英砂岩或含砾砂质板岩,矿体顶部为灰紫色、灰黑色含铁板岩或含铁砂质板岩,与矿层呈渐变关系。矿体北段为赤铁矿,南段以磁铁矿为主。铁矿石中的金属矿物主要是赤铁矿和磁铁矿,次有少量假象磁铁矿、褐铁矿和微量的黄铁矿、菱铁矿。非金属矿物主要是石英、长石,次为绿泥石、绢云母、高岭土。

江口铁矿自 1958 年发现以来经过了几轮勘查勘探过程。1958 年，江口铁矿被发现后，湖南省地质局 409 地质队对其开展了地质普查工作，估算铁矿石资源量约 5000×10^4t，但选矿效果差，认定为不能利用矿石。1971—1977 年，湖南省地质局 407 地质队又对其开展了地质勘查评价工作，查明该铁矿分为 4 个矿体，估算出铁矿石远景储量约 1.66×10^8t，其中含磁铁矿的赤铁矿石量约 1.59×10^8t，含赤铁矿的磁铁矿石量约 7000×10^4t，属大型铁矿床。2005—2006 年，湖南省地质局 418 地质队在江口铁矿黄花坪矿段南段开展了补充详查工作，查明矿层赋存于早震旦世江口组第三段中，属沉积变质型铁矿，矿层呈似层状、层状、透镜状，矿石类型属石英型磁铁-赤铁矿和石英型赤铁-磁铁矿，矿石品级为贫铁矿石，累计探明储量约 2×10^8t。

由于江口铁矿选矿难度大，主要为贫铁矿石，至今仍未开采，历史上民间亦无开采。如果选矿技术取得突破，选矿成本显著降低，那么江口铁矿的开发将迎来一个黄金时期。

5. 湖南七宝山铜多金属矿床

七宝山铜多金属矿床位于湖南浏阳北东方向约 30km，是湖南境内目前发现的规模最大的铜多金属矿床。七宝山铜多金属矿床由 200 多个矿体组成，其中大部分为隐伏矿体，矿体均以岩体为中心在平面上呈椭圆展布，主要分布在大七宝山矿段、小七宝山矿段、老虎矿段、鸡公湾矿段和江家湾矿段。成矿与燕山期石英斑岩形成存在密切的关系。根据矿床特征，可分为裂隙充填交代型、接触交代矽卡岩型和次生富集型 3 种类型。由于风化淋滤等作用，矿体由上往下依次分为强氧化铁帽带、次生硫化物还原带、原生硫化物带。

目前七宝山矿区共分 4 个区域，即老虎口、鸡公湾、大七宝山和江家湾，矿床类型可分为裂隙充填交代型、接触交代矽卡岩型和铁帽型 3 个类型。铁帽型属于金银矿体，主要是含铜黄铁矿，位于地表浅部。

接触交代矽卡岩型属于高中温热液铜铁矿床。裂隙充填交代型为中、低温热液韩铜铁矿矿床。

七宝山铜矿床还是湖南境内的一座古矿,该矿在宋熙宁七年(公元1074年)就有开采历史记载。明洪武初年,曾进行大规模开采;明永乐4年,为修建京都宫殿,也在此地开采过铁矿。近代开采起源于1959年,当地社队组织开采硫铁矿。1973年,由湖南省化工厅主导,建立省属硫铁矿,年开采量由25×10^4t发展到50×10^4t。目前,该矿区的地表浅层矿体已采空,但中、深部仍保存较好矿源。

6. 平江县黄金洞金矿床

黄金洞金矿床地处湘赣交界的黄金洞乡。矿区地层为新元古代冷家溪群浅变质岩性系,是湖南省有名的金矿山之一,累计探明资源储量矿石量171.1×10^4t,金9048kg,为一个中型金矿床。黄金洞金矿已开采数百年,其历史可追溯到明成化年间,因黄金“蕴藏之丰,名传湖广”。清光绪年间,湖南巡抚陈宝箴在此设立金矿局,开“湖南官办矿山”之先河。中华人民共和国成立以后,金矿获得很大发展,但因复杂地质赋存条件、高砷高硫难处理,加上传统采金工艺落后、高砷选冶技术瓶颈,黄金产量、经济效益持续在低位徘徊。

2006年,由辰州矿业、黄金洞矿业、新龙矿业组建湖南黄金集团。湖南黄金集团注入了急需的生产建设资金,经过10年的探矿增储、生产建设,黄金洞矿业驶入了发展的快车道,由当初不足500t/d的采选能力发展到目前具有2000t/d的采选综合生产能力,黄金产量位居湖南省第二位。

黄金洞金矿金矿(化)体赋存于青白口纪浅变质板岩及变质砂岩中,同时受控于断裂构造。金矿体呈脉状、透镜状、扁豆状产于断裂带扩容地段。

7. 平江万古金矿床

万古金矿床位于湖南省东北部,平江县城西南16km,是湖南地质矿产勘查开发局402队20世纪

80年代发现并已开发的一处大型-超大型金矿床，经过20余年的勘查与开采，在矿区12条含金构造带内，共发现金矿体48个，控制储量85t以上。矿区位于扬子地块东南缘，江南古陆湖南段东北区。区内出露地层主要为新元古代冷家溪群，由一套区域变质的板岩、粉砂质板岩、浅变质砂岩组成。区内褶皱不发育，总体为一单斜构造。断裂构造主要发育有北西西向和北东向两组。构造分析表明，含矿构造至少经历了3次活动：成矿期前，在区域南北向压应力作用下，产生一系列北西西向压扭性断裂；成矿期间，由于局部应力场发生改变，由南北向挤压变成拉张，成矿热液沿裂隙带充填交代，形成金矿（化）体；成矿期后，多次的拉账挤压作用，对前期构造地质体及矿（化）体进行破坏，沿断层侵入的石英脉几乎不含矿。矿区已发现含金矿脉带25条，产于冷家溪群粉砂质板岩、条带状含金粉砂质板岩中，并严格受北西西向构造破碎带控制。矿脉主要由含金石英脉和含金破碎蚀变板岩组成，地表延长350～3000m。矿体呈似层状、透镜状，金平均品位(3～17.12)×10^{-6}t。常见矿石矿物有毒砂、黄铁矿，少量自然金，其次为方铅矿、闪锌矿、黄铜矿、辉锑矿、辉铜矿等；脉石矿物以石英和长石为主，绢云母、方解石、白云石、绿泥石次之。

自然金分为可见金和显微金（粒度 <50μm），呈粒状、片状、树枝状分布于石英、黄铁矿、毒砂等矿物晶隙、裂隙间及破碎板岩裂隙中。黄铁矿、毒砂粒度大，晶形完整者含金低，半自形—他形粒状、粉末状者含金相对高，围岩中立方体黄铁矿含金更低，含SiO_2较低的烟灰色石英含金较高，乳白色石英含金低。围岩蚀变主要有硅化、绢云母化、黄铁矿化、毒砂化及碳酸盐化，发育于破碎带旁侧，与围岩呈渐变过渡关系。多种蚀变叠加有利金的富集。

8. 浏阳雁林寺金矿床

雁林寺金矿床位于湘东北的南部。雁林寺金矿是湖南有色地质勘查局于20世纪90年代初在湘东北地区所发现的中型变质热液型金矿床。金矿体产于冷家溪群中，成矿受构造作用控制明显。矿体以含金石英脉的形式产出，脉体两侧围岩普遍发生蚀变，金成矿具有多期次、多成矿作用方式的特点。

▲雁林寺含金硅化石英脉

9. 沅陵沃溪金锑钨矿床

沃溪金锑钨矿床是一个有着悠久历史的金、锑、钨共生的特大型矿床。矿床位于湖南张家界以南、桃花源以西，有"一县好山留客住，五溪秋水为君清"之称的沅陵县境内。沃溪金锑钨矿床不仅是湖南省内第一大金矿，还是仅次于"世界锑都"——锡矿山的第二大锑矿生产基地。

沃溪金锑钨矿床发现开发历史悠久。早在1875年，前人就在该地发现了金，1895年和1946年又相继发现了辉锑矿和白钨矿。湖南省冶金237队1965年底探获矿石量42×10^4t，黄金571kg。后期勘探不断，也不断有新的突破。1980年底完成沃溪矿区深部评价，获远景矿石量57.2×10^4t，金4829kg，锑15 073t，钨606t。1985年，武警黄金部队完成沃溪矿区鱼儿段勘探，提交矿石量112.3×10^4t，金6920，锑10 027t，钨2708t。1989年11月，新一轮勘探获取矿石量28.6×10^4t，金997kg，钨384t。1990年，对沃溪矿区三号西矿柱勘探获取矿石量15.1×10^4t，金1592kg，锑6743t，钨

771t。“八五”期间提交《沃溪矿区金锑钨勘探报告》，获得矿石量 111.7×10^4t，金 9012kg，锑 36 894t，钨 3493t。1998 年，通过对沃溪矿区十六棚公矿段勘探，获取矿石量 26.5×10^4t，金 3375kg，锑 11 564t，钨 414t。

沃溪金锑钨矿床属层控中低温变质热液石英脉型矿床。矿体具顺层产出、延伸稳定的特点。沃溪矿床中的金锑钨在各类矿石中混合共生。金为自然金，呈粒状、片状、微粒状，赋存于石英脉、硫化物微裂隙中，含量稳定。锑为辉锑矿，呈块状、脉状、放射状、针状，常与白钨矿、石英、黄铁矿聚成条带状、细脉状和角砾状。钨则以自形、半自形的团块状、细脉状的白钨矿产出。

10. 桃林铅锌萤石矿床

桃林铅锌萤石矿床位于湖南省临湘市忠防镇，共探明铅资源量 61.58×10^4t；锌资源量 87.55×10^4t，达大型规模；萤石 802.26×10^4t，达特大型规模，平均品位 14.28%。萤石与铅锌矿紧密共生，成为铅锌矿的脉石矿物。萤石随着主矿种铅锌矿的开采而得以综合回收利用。矿区东南部地势高，药姑山最高海拔 1100m，西北部较低，中部地势平坦，为白垩系紫红色砂砾岩的丘陵地区，海拔 100m 左右，形成了北东–南西向的狭长盆地。

桃林铅锌萤石矿的发现流传着一个传说：清朝光绪年间，桃林中塘冲农民李正林，在上塘冲砍柴，口渴时到水窝子喝水。但水窝子太浅，捧水不便，李正林顺手用柴刀掏水窝子里的石块。不曾想，扒出一块银光闪闪的石头，拿在手上沉甸甸的，便把“宝石”带回了家。不久，地主方志盛看到了这块“宝石”，为弄清它的底细，千里迢迢赶到外地请专家鉴定，结果验证这块“宝石”为有色金属矿石。据当时宣称，其中含有“三成银子、七成铅”。自此，沉睡在桃林地区的铅锌矿始为人类所知。

桃林铅锌萤石矿从 1901 年就开始开发开采，新中国成立前有小规模开采。1955 年，第一个五年计划将桃林铅锌矿作为国家 156 个重点建设工程之一。1957 年筹建，

▲桃林铅锌矿矿石特征

1959年正式投产。20世纪80年代，桃林铅锌矿达到鼎盛时期。1959—1998年，这个号称“亚太地区最大”的矿区，年产量100×10^4t，产品直接输往全国各地。建矿数十年来，该矿累计为国家提供了大量的工业原材料，为建立中国独立完整的工业体系、推进国民经济发展作出了巨大贡献。矿山主要产品有铜、铅、锌、萤石、铅焙砂精矿、无氧铜杆、氧化锌、硫酸、水泥等，矿石大多被运往株洲冶炼厂进行冶炼。由于原有矿区资源濒临枯竭、后备矿区矿石品位低下和企业转型失败，于 2002 年 12 月 5 日正式宣布破产。

桃林铅锌矿床位于江南台背斜中段北缘与下扬子台褶带南缘的过渡部位，桃林大断裂横贯整个矿区，为主要控矿、赋矿构造。矿体主要赋存在冷家溪群与幕阜山花岗岩体 100～200m 处的外接触带之破碎角砾岩带内。矿区分两个矿段，即东部银孔山矿段和西部上塘冲矿段，两矿段由 300～400m 无矿区间开。矿体产状和形态严格受断层控制。矿体形态较简单，以脉状为主，其次为似层状、透镜状及扁豆状。东部银孔山矿段矿体走向长 850～1800m，西部上塘冲矿体长 800～1500m。矿化带沿倾斜延深约 1000m，平均厚度 10 米，最大厚度 47m。矿体总体走向北东 75°～80°，倾向 340°，倾角一般 45°。矿体向西侧伏，侧伏角 25°。矿石矿物主要为方铅矿、闪锌矿、黄铜矿、辉银铅矿、辉银矿、萤石，其次为菱锌矿、白铅矿、蓝铜矿等。脉石矿物为石英、重晶石、方解石等。

11. 湖南桃江县板溪锑矿

板溪锑矿位于湖南省桃江县，是一个有百年开采历史的老矿山，累计探明锑金属量 10.7×10^4t，矿床规模为大型。该矿于 19 世纪末被发现。解放前进行过地质调查。解放后，湘冶普测队、湖南省区测队对该区进行了野外踏勘调查。后湖南省冶金 237 队对矿区进行了详查。1991—1995 年，湖南省地质矿产勘查开发局 418 队进行了进一步的勘探工作，基本查明了成矿地质条件，矿脉分布，矿体形态、产状、规模等。

该矿床属于中低温热液矿床，成矿时代为燕山晚期，矿体赋存严格受构造控制，主要为含锑石英脉。矿石矿物成分比较简单，金属矿物以辉锑矿为主，伴生有毒砂、黄铁矿和微量自然金、黄铜矿、闪锌矿等，脉石矿物主要是石英，少量绿泥石、白云石、绢云母。

板溪锑矿于 1895 年开采，因其产品优质而闻名遐迩，后几经转手。抗战爆发后一度停办。1965 年，板溪锑矿重新开采，挂牌成立国有板溪锑矿。2006年，国有大型矿业——西部矿业集团出资收购板溪锑矿，坚持“安全第一、预防为主、综合治理”的原则建设绿色环保矿山。

12. 湖南省安化渣滓溪锑矿

渣滓溪锑矿位于湖南省安化县县城西南奎溪镇枫木冲，为锑、钨共生矿床，是产于板溪群中的裂隙充填型脉状锑矿床，矿床规模为大型。渣滓溪锑矿是1906年由当地居民发现和开采的。1958年，湖南省地质局雪峰山地质队对渣滓溪锑矿所在地区进行矿产普查，估算锑矿远景储量6.56×10^4t。1977—1984年，湖南省冶金局245队对该矿进行初步探勘，提交储量11.62×10^4t。1992—1993年，湖南省地质矿产勘查开发局418地质队进一步开展了补充勘探，对矿山开采中发现的盲矿和之前勘探未计算储量的矿脉进行了储量计算，增加储量7.48t，使渣滓溪锑矿储量达到19×10^4t，为大型锑矿床。后由于开采历史悠久，原探明的保有资源储量严重不足。2008—2010年，418队在此开展了危机矿山集体资源找矿项目，找到的锑资源量达大型规模以上，钨矿资源量达小型规模。2015年，418队又与湖南安化渣滓溪矿业有限公司签订安化县渣滓溪锑矿边深部锑（钨）矿详查及外围锑（钨）矿普查合同，预期可以再找到一个新的中—大型规模的锑矿床。

渣滓溪锑矿自1906年发现并开采。中华人民共和国成立前，主要由恒通、五福、阜新等私人公司开采。1950年，成立公私合营企业，名为渣滓溪锑钨公司。1952年，完全收归国有，更名为“益阳地区渣滓溪锑钨公司”。1975年，改名“渣滓溪锑矿”。1984年，主要开采锑，兼采白钨矿。1985年后只采锑。1996年，渣滓溪锑矿已发展为年产精锑2400t，采、选、冶一体的综合性矿山，年产矿石达10×10^4t。后通过危机矿山接替资源调查，新增锑矿资源量达大型规模以上，延长矿山服务年限27年。

13. 浏阳井冲铜钴多金属矿床

井冲铜钴多金属矿床位于湖南

省浏阳市社港镇，距浏阳城区60km，为一中型钴铜矿床。矿区地处丘陵与低山区接壤地带，相对高差300～500m。矿区位于长平断陷带中部，属湘东北铜金成矿带，矿区勘查工作几上几下，时间跨度达50余年，对湘东北热液型钴铜多金属成矿规律的研究经历了一个漫长的搜索过程。1950—1960年，先后有多家地矿单位在区内开展过物化探等基础性地质工作，412队通过浅、地表工程圈出铜矿远景储量4000t；1973—1978年，402队在对长平断裂带中段(18km)，开展地质普查找矿同时，对矿区进行了重点揭露，于1989年编写了矿区地质普查报告，取得远景储量：金属量铜35 089.33t、铅26 606.05t、铅33 052.96t、钴508.77t。1990年，402队再次在区内开展地质普查工作，通过钻孔验证，证实矿体向240°～250°方向侧伏下延的判断，其远景达中型规模，求得铜金属储量153 755t。2008年，402队在充分收集利用已有地质资

▲井冲铜钴多金属矿矿石

料的基础上，对矿化带深部采用钻探结合少量坑探进行深部揭露、控制，求得(332+333)钴资源量(含共生资源)2210t，铜资源量85 017t，于2008年12月提交了详查报告。钴铜多金属矿成矿与长平断裂带和燕山期连云山花岗岩、花岗闪长斑岩有关。矿体产于长平断裂带次级构造热液蚀变岩带中，中泥盆统碎屑岩和灰岩透镜体对成矿有利。矿体沿构造热液蚀变岩带向南西向有明显侧伏趋势，矿化垂向分带明显，表现为深部钴铜矿，浅部铅锌矿。综合成矿物质来源、成矿条件等研究资料，该矿床属于与花岗岩有关的中温热液裂隙充填交代型钴铜多金属矿床。

14. 湘东北横洞钴矿床

横洞钴矿床位于江南造山带中段的湖南省浏阳市境内，距井冲钴铜多金属矿10km。是受构造控制的蚀变角砾岩型钴矿床，是湖南省目前唯一发现原生钴矿的地区。长江断裂带上的具有工业价值的钴矿体、铜矿体、铅锌矿体等均产于与构造热液蚀变带有关的岩带中（如横洞钴矿，井冲钴铜多金属矿、东冲铅锌矿等)。

15. 湖南仁里铌钽多金属矿床

仁里铌钽多金属矿床位于湖南省平江县仁里村，含铌、钽、铷、锂、铯等多种稀有金属矿床，规模可达超大型，其中钽和锂为国家紧缺矿种。该矿是近年来发现的大型铌钽矿床，还未进行开发。该矿位于江南造山带的中部，幕阜山复式花岗岩体的西南缘，是典型的花岗伟晶岩脉型铌钽矿。在矿区发现铌钽矿脉14条，矿体17个，氧化钽资源量10 791t，氧化铌资源量14 057t。其中，钽资源量在全国花岗伟晶岩型钽矿中居首位，可达超大型，而且钽品位也是比较高的，具有较大的经济效益。该找矿成果被中国地质学会评选为2017年“十大地质找矿”成果之一。

湖南省平江县仁里超大型铌钽多金属矿普查项目被评为中国地质学会2017年度“十大地质科技进展”之一，该项目由湖南省核工业地质局311大队负责实施。仁里矿区位于湖南省平江县，江南造山带中部,幕阜山复式花岗岩的西南缘,属花岗岩与冷家溪群片岩内外接触带伟晶岩密集区，为典型的花岗伟晶岩脉型超大型钽铌矿床，为湖南省主要的稀有金属成矿远景区。初步估算，钽铌资源总量超过 2×10^4t，钽矿资源达到超大型规模，仁里矿床探明的钽资源量在全国花岗伟晶岩型钽矿中居首位，是我国已报道的所有钽铌矿床中品位最高的钽矿床,矿区找矿潜力大,潜在经济价值超过1000亿元。技术团队突破了"大岩基地区难以形成超大型稀有金属矿床"的既有认识,总结、提出的铌钽等稀有金属矿成矿规律及控矿因素的新认识，丰富和发展了稀有金属成矿理论，对整个江南造山带，以至全国稀有金属找矿具有重要的指导意义。

结 语

江南造山带是出露于扬子地块与华夏地块之间，具有多期复杂构造演化历史的地质构造单元，横跨我国地势第二、第三阶梯，呈弧形跨越了黔东南、桂北、湘西、湘中、湘东北、赣北、皖南和浙北等广大地区。在漫长的地质演化历史中，孕育了九宫山、雪峰山、梵净山、洞庭湖等丰富的地质旅游资源，也蕴藏了金、铜、铅、锌、锰、锑、钴等丰富的矿产资源，其中锑、锰的储量和产量分别占全国前列。自 19 世纪末以来。几辈地质工作者在此开展地质调查勘探工作，先辈有地质学家李四光、黄汲清等老先生，现今有赵国春、杜远生、李献华、王孝磊等地质学者。广大地勘单位和科研院所也把此作为地质找矿和研究的热点，长期在此耕耘，如南京大学、中国地质大学（武汉）等知名院校，中国地质调查局武汉地质调查中心等专业地质调查研究机构，还有湖南省地质矿产勘查开发局、广西地质矿产勘查开发局等地方性矿产勘查单位。这些单位和个人通过一系列的地质调查方法和探勘技术，如路线调查、槽探、钻探、分析测试等，找到了大批矿产资源，如湖南桃林铅锌矿、黄金洞金矿、湖南七宝山铜多金属矿、沃溪金锑钨矿、贵州松桃锰矿等，大小矿床数不胜数，为国民经济建设和生态文明建设提供了有力支撑。他们也总结出了不同的地质演化规律，探索地球的起源和形成演化。党的十八大提出“加快推进生态文明建设”，十九大提出“必须树立和践行绿水青山就是金山银山的理念”，江南造山带各矿山秉承要求和理念建设绿色矿山，部分打造国家矿山公园。我们地质工作也紧密结合生态文明建设，建设美丽中国，为实现人民对美好生活的向往服务。本书通过通俗易懂的文字，对江南造山带（西段）的地质矿产概况作了简要的叙述，让广大读者对该带的地质地貌、矿产资源能有初步的认识。最后感谢江南造山带（西段）开展过地质工作的单位和个人；感谢中国地质调查局武汉地质调查中心陕亮、王磊提供的部分图片，同时感谢书中未能找到出处的图片作者，是他们拍摄的精美图片为本书增添了光彩。

主要参考文献

王孝磊,周金城,陈昕,等.江南造山带的形成与演化[J].矿物岩石地球化学通报,2017,36(5):714-735.

徐志刚,陈毓川,王登红,等.中国成矿区带划分方案[M].北京:地质出版社,2008.

周琦, 杜远生, 覃英. 古天然气渗漏沉积型锰矿床成矿系统与成矿模式——以黔湘渝毗邻区南华纪“大塘坡式”锰矿为例[J]. 矿床地质,2013,32(3):457-466.

Dalziel I W D.Overview:Neoproterozoic-Paleozoic Geography and Tectonics:Review,Hypothesis,Environmental Speculation [J].Geological Society of America Bulletin,1997,109(1):16-42.

Pan Y M and Dong P. The lower Changjiang(Yangzi /Yangtze River)metallogenic belt,east central China: intrusion- and wall rock-hosted Cu-Fe-Au, Mo, Zn, Pb, Ag deposits[J]. Ore Geology Reviews,1999,15(4) : 177-241.

Wang X L, Zhou J C, Griffin W L, et al.Geochemical zonation across a Neoproterozoicorogenic belt: Isotopic evidence from granitoids and metasedimentary rocks of the Jiangnan orogen, China [J]. Precambrian Research, 2014,242:154-171.

百度百科.https://baike.baidu.com/

互动百科.http://www.baike.com

矿业界网.http://www.oborr.com/

绿网.http://www.czt.gov.cn/index.html

视觉中国网.www.vcg.com

搜狐网.http://m.sohu.com/a/235022081_99986028?_f=m-article_42_feeds_24

网易博客.http://blog.163.com/

新浪博客.http://blog.sina.com.cn